U0268359

本书感谢国家自然科学基金面上项目（42371179）和教育部人文社会
科学研究青年基金项目（21YJCZH159）的资助

城市环境治理与可持续发展

政策实践与影响机理

王俊松◎著

URBAN ENVIRONMENTAL GOVERNANCE AND
SUSTAINABLE DEVELOPMENT
POLICY PRACTICES AND IMPACT MECHANISMS

经济管理出版社
ECONOMY & MANAGEMENT PUBLISHING HOUSE

图书在版编目（CIP）数据

城市环境治理与可持续发展：政策实践与影响机理 /
王俊松著. -- 北京：经济管理出版社，2024. -- ISBN
978-7-5243-0083-0

Ⅰ. X321.2

中国国家版本馆 CIP 数据核字第 2024W3W821 号

组稿编辑：申桂萍
责任编辑：申桂萍
助理编辑：张　艺
责任印制：张莉琼
责任校对：熊兰华

出版发行：经济管理出版社
　　　　　（北京市海淀区北蜂窝 8 号中雅大厦 A 座 11 层　100038）
网　　址：www.E-mp.com.cn
电　　话：(010) 51915602
印　　刷：北京市海淀区唐家岭福利印刷厂
经　　销：新华书店
开　　本：720mm×1000mm/16
印　　张：10.25
字　　数：162 千字
版　　次：2024 年 11 月第 1 版　　2024 年 11 月第 1 次印刷
书　　号：ISBN　978-7-5243-0083-0
定　　价：78.00 元

前　言

在全球化和快速城市化的浪潮中，环境问题已经成为各国面临的重大挑战。城市作为经济和社会活动的核心，其环境治理和可持续发展不仅关系到城市居民的健康和生活质量，而且对区域和全球的生态系统产生了深远的影响。面对日益严峻的环境问题，如何实现经济发展与环境保护的"双赢"，成为各国政策制定者和学者关注的焦点。

本书综合运用地级市面板数据、社交媒体大数据及计量分析模型，深入探讨了环境政策、产业集聚和技术进步如何影响城市污染排放及企业空间行为。通过系统的理论分析和实证研究，本书试图揭示环境治理中多维度的复杂机制，为实现可持续发展目标提供科学依据和实践指导。

本书系统性地分析了环境规制、产业集聚和技术创新等因素对环境质量的多维影响。这些因素不仅影响本地区的环境质量，而且通过复杂的社会、经济和空间网络对邻近地区产生溢出效应。此外，本书探讨了社交媒体在环境治理中的作用。通过计量模型，实证分析了集聚与政策对环境质量改进的交互作用。在企业行为方面，本书以长三角地区为例，详细分析了污染企业的空间扩张及其影响因素，揭示了污染企业在环境规制背景下的扩张路径和区位选择，并通过具体企业的案例研究，探讨了政府、企业和公众在企业空间转移过程中的作用和互动机制。

本书在理论上丰富了环境经济学和城市经济学的相关成果，通过整合多维数据和多种分析方法，展示了环境规制、产业集聚和技术投入对城市环境治理的综合影响，强调了多方合作和公众参与在环境治理中的重要性。

　　本书的研究深度和广度有待进一步深化，书中的不足之处恳请读者和各位同人批评指正。

目　录

第一章　绪论 ……………………………………………………………… 1

　　第一节　中国环境治理的成效及影响 ………………………………… 1

　　第二节　中国城市环境治理的特征 …………………………………… 6

　　第三节　中国城市环境治理面临的挑战 ……………………………… 11

　　第四节　内容安排 ……………………………………………………… 15

第二章　产业集聚、环境规制、技术投入与污染物排放
　　　　——整合空间网络、社会网络和经济网络的分析 ……………… 18

　　第一节　引言 …………………………………………………………… 18

　　第二节　文献综述 ……………………………………………………… 19

　　第三节　方法与数据 …………………………………………………… 24

　　第四节　计量结果 ……………………………………………………… 32

　　第五节　结论和讨论 …………………………………………………… 37

第三章　开发区集聚、"水十条"政策与水质改善
　　　　——基于双重差分的准自然实验研究 …………………………… 46

　　第一节　引言 …………………………………………………………… 46

第二节　文献综述 ………………………………………………… 47

第三节　研究方法和数据来源 …………………………………… 50

第四节　中国开发区和水质监测点的基本情况 ………………… 53

第五节　实证结果 ………………………………………………… 56

第六节　结论与政策启示 ………………………………………… 62

第四章　社交媒体的环境关注与空气质量改善 ………………… 67

第一节　引言 ……………………………………………………… 67

第二节　理论与文献综述 ………………………………………… 68

第三节　方法和数据 ……………………………………………… 71

第四节　社交媒体的环境关注和PM2.5浓度的空间分布格局 … 75

第五节　环境关注与城市PM2.5浓度：计量结果 ……………… 78

第六节　结论 ……………………………………………………… 86

第五章　环境政策、集聚与城市空气质量 ……………………… 93

第一节　引言 ……………………………………………………… 93

第二节　文献综述 ………………………………………………… 94

第三节　城市空气质量的空间格局 ……………………………… 97

第四节　实证检验 ………………………………………………… 99

第五节　结论与讨论 ……………………………………………… 107

第六章　污染企业空间扩张的时空过程与影响因素

　　　　——以长三角为例 ……………………………………… 112

第一节　引言 ……………………………………………………… 112

第二节　文献综述与理论框架 …………………………………… 113

第三节　数据处理与分析方法 …………………………………… 117

第四节　污染企业空间扩张的时空演化特征 …………………… 121

第五节　污染企业空间扩张的影响因素 …………………………… 124

第六节　结论与讨论 …………………………………………………… 129

第七章　环境规制与污染企业空间转移

　　　　——以倪家巷集团为例 …………………………………… 134

第一节　引言 …………………………………………………………… 134

第二节　经济增长、环境规制与污染企业区位 …………………… 135

第三节　地区环境规制差异与倪家巷集团企业的空间转移案例 ……… 137

第四节　结论与讨论 …………………………………………………… 151

第一章　绪论

第一节　中国环境治理的成效及影响

2013 年以后，我国开始调整以往优先经济增长的发展战略。为应对环境问题，党的十八大明确提出要加快生态文明建设，完善最严格的环境保护制度。2014 年《政府工作报告》强调，"我们要像对贫困宣战一样，坚决向污染宣战"。在随后的几年中，政府通过一系列强有力的政策和措施，极大地改善了环境质量。这些成绩不仅在国内产生了积极影响，在全球环境治理中也发挥了重要作用。中国环境治理的成绩主要体现在以下几个方面：

一、环境政策体系不断完善

我国通过系统且完备的政策和法律体系，实施专项行动计划，完善环境标准，创新治理体制机制，为环境保护提供了坚实的制度保障。这些措施的实施显著改善了环境质量。

改革开放以来，我国逐步建立并完善了环境保护法律法规，为环境治理提供了坚实的法律基础。1989 年，我国颁布了第一部综合性环境保护法律《中华人民共和国环境保护法》（以下简称《环境保护法》），并在 2014 年进行了全面修订，明确了政府、企业和公众的责任，强化了对环境违法行为的处罚。此外，我国颁布了《中华人民共和国大气污染防治法》（以下简称《大气污染防治法》）、《中华人民共和国水污染防治法》（以下简称《水污染防治法》）和《中华人民共和国土壤污染防治法》，并在后续进行了多次修订，进一步细化和加强了对大气、水和土壤污染的防治要求。

为了应对特定的环境问题，2013 年后，我国政府还制订并实施了一系列专项行动计划，确保治理措施的针对性和有效性。2013 年，国务院印发了《大气污染防治行动计划》（以下简称"大气十条"），通过加大综合治理力度，调整优化产业结构和加快调整能源结构减少大气污染物排放，改善空气质量。2018 年，国务院发布了《打赢蓝天保卫战三年行动计划》（以下简称"蓝天保卫战"），通过加强工业废气治理、推动清洁能源替代和机动车污染防治，极大地改善了空气质量，使多个城市的 PM2.5 浓度显著下降。2015 年，国务院发布了《水污染防治行动计划》（以下简称"水十条"），明确了水污染防治的目标和措施，有效地改善了主要流域的水质。2016 年，国务院发布了《土壤污染防治行动计划》（以下简称"土十条"），全面部署了土壤污染防治工作，通过源头控制、污染调查与监测和污染土壤修复，显著提升了土壤环境质量。

在环境治理体制机制方面，我国进行了多项创新，提升了治理的科学性和有效性。建立了中央和省级生态环境保护督察制度，对地方政府和企业的环境保护工作进行督察，发现并整改环境问题。推行排污许可制度，要求所有排污单位依法申请排污许可证，并按照规定排放污染物。此外，通过修订《环境信息公开办法（试行）》和《中华人民共和国环境影响评价法》，推动了环境信息公开和公众参与，增强了治理的透明度，提高了公众的监督力度。

二、空气质量显著改善

2013 年至今，国务院先后发布并实施了三个国家级大气污染治理行动计划，即"大气十条"、"蓝天保卫战"、《空气质量持续改善行动计划》。

近年来，我国重点城市 PM2.5 平均浓度累计下降了 54.4%，单位国内生产总值（GDP）二氧化碳排放降低了 34.4%，是全球空气质量改善速度最快、清洁能源利用规模最大的国家。一些重点城市的空气质量明显改善，以北京为例，PM2.5 浓度从 2013 年的 89.5 微克/立方米下降到 2020 年的 38 微克/立方米，SO_2 浓度和 CO_2 浓度分别下降了 85% 和 64%。[①] 同期，石家庄的 PM2.5 浓度下降了 52%，长三角和珠三角主要城市，如上海、南京、杭州、广州、深圳、佛山的 PM2.5 浓度下降了 45%~50%，中国成为全球颗粒物污染减排的主要贡献者之一，占全球颗粒物污染下降总量的 3/4 以上。

我国在空气质量改善方面的显著成就源于"大气十条"和"蓝天保卫战"等政策的有力实施、产业结构和能源结构的调整、区域协同治理的推进，以及科技和信息手段的运用。

三、水体污染得到有效治理

通过实施一系列政策措施和专项行动，显著改善了水环境质量。主要体现在以下几个方面：全国地表水环境质量不断改善。根据中华人民共和国生态环境部的数据，2020 年，全国地表水 I~III 类水质断面比例达到 83.4%，同比提高 8.5 个百分点，劣 V 类水质断面比例下降到 0.6%。长江、黄河、珠江、松花江等重点流域的水质持续改善，特别是长江流域的水质优良断面比例达到了 92.5%，主要污染物浓度显著下降。全国城市建成区黑臭水体基本消除，许多曾经严重污染

---

① 根据中国环境监测总站数据计算而来。

的河流和湖泊焕发新生，如北京的凉水河、上海的苏州河等水质得到大幅改善，周边环境得到显著提升。

2015 年，"水十条"的发布，明确了水污染防治的目标、重点任务和具体措施，以全面推进水环境质量的改善。"水十条"强调加强对重点行业和企业废水治理，严格控制工业废水的排放标准，并推动工业园区污水集中处理设施建设。同时，加快城市和农村生活污水处理设施建设，提高生活污水的收集率和处理率。在农业方面，推广清洁生产技术，减少化肥和农药的使用，以控制农业面源污染。此外，开展河湖生态修复工程，恢复和改善河湖生态系统功能。加强流域综合管理，推进跨区域和跨部门的联防联控机制建设，进一步强化水环境监测和监管，建立健全水环境质量监测网络，确保及时掌握水质状况。

"水十条"政策、工业废水治理、生活污水处理、农业面源污染控制、河湖生态修复、流域综合管理、监测和监管等综合性措施，有效地改善了水环境质量。

四、可再生能源快速发展

在过去十几年中，我国大力推进可再生能源的发展并取得了显著成就。相关的支持政策和规划包括《中华人民共和国可再生能源法》《中华人民共和国国民经济和社会发展第十三个五年规划纲要》（以下简称"十三五"规划）、《可再生能源发展"十三五"规划》等，明确了可再生能源发展的法律地位和具体目标。政府还提供财政补贴和税收优惠，鼓励投资和建设可再生能源项目。

在技术创新和产业发展方面，我国在风电、太阳能和生物质能等领域的技术水平不断提高，形成了完善的产业链。我国通过建设大型风电基地和海上风电场，风电装机容量和发电量快速增长。截至 2023 年，我国风电装机容量超过 310 吉瓦，占全球风电装机容量的 1/3，2010～2023 年，我国风电装机容量增长了近 7 倍。大力推动光伏发电的应用，截至 2023 年底，我国的光伏发电装机容量已超过 300 吉瓦，连续多年居世界首位。我国企业在全球光伏供应链中占据主导地位，生产了全球70%以上的光伏组件。在青海、新疆、甘肃、内蒙古等地建设了多个大型光伏电站。在生物质能方面，我国积极推进生物质发电和生物质燃料的应用，利用农业废弃物、林业剩余物和有机废弃物建设了一批生物质发电项目，推动废弃物资源化利用。

水电作为我国传统的可再生能源，仍在能源结构中占据重要地位，目前约有20%的电力来自水电。2012～2021年，我国水电装机容量从2.49亿千瓦增长至3.91亿千瓦，水电发电量从0.9万亿千瓦时增长至1.3万亿千瓦时。自2014年以来，我国的水电装机容量和发电量一直稳居世界第一。此外，我国在地热能和海洋能开发方面也进行了探索和试点，积累了大量经验。

我国在可再生能源领域通过政策支持、技术创新和产业发展，风电、太阳能和生物质能等领域均实现了大幅增长，优化了我国的能源结构，为全球能源转型和可持续发展贡献了重要力量。

五、积极参与全球环境治理

我国在全球环境治理中扮演着越来越重要的角色。首先，在国际条约履行、可再生能源发展、生态保护、技术创新与转移、全球治理机制建设及环境教育等方面，为全球环境治理作出了重要贡献。我国积极参与国际环境保护，缔结或参加了一系列环境保护的公约、议定书和双边协定，是《巴黎协定》的重要缔约方之一，承诺在2030年前碳排放达到峰值，并力争在2060年前实现碳中和。为实现"双碳"目标，我国提出了多个具体的减排目标和行动计划。例如，国务院印发的《2030年前碳达峰行动方案》提出，到2025年非化石能源消费比重达到20%左右，到2030年达到25%左右，展现了对全球气候变化问题的坚定承诺和责任担当。

其次，我国大力推动可再生能源的发展，为全球减排目标作出了重要贡献。我国不仅是全球最大的可再生能源市场，也是风能和太阳能设备的主要生产国。我国在生态保护和修复方面也作出了重要贡献。近年来，我国实施了多项大规模生态修复工程，如三北防护林工程、退耕还林还草工程、河湖生态保护与修复工程。这些工程在改善生态环境、提升生态系统服务功能方面发挥了重要作用。

再次，我国积极推动绿色技术的研发和应用。我国在新能源、电动汽车、节能建筑等领域的技术进步，极大地推动了全球绿色技术的发展。截至 2021 年底，我国新能源汽车保有量超过 500 万辆，占全球总量的 50% 以上。同时，我国与共建"一带一路"国家和地区分享环保技术和经验，助力这些国家提升环境治理能力。

最后，我国积极参与和推动全球环境治理机制建设。通过举办和参与一系列国际环保会议和论坛，如联合国气候变化大会、联合国生物多样性大会等，为全球环境治理提供了平台和支持。我国倡导并推动的绿色"一带一路"建设，也成为全球可持续发展的重要推动力，促进了各国在环境保护领域的合作与交流。绿色"一带一路"建设项目已覆盖超过 70 个国家，涉及数百个环保项目。

第二节　中国城市环境治理的特征

一、中国城市环境治理覆盖面广

我国城市环境治理在广度上涵盖了多个层面和领域，体现出全面而系统的特征。这种广覆盖的治理方式不仅涉及多种环境要素，还贯穿城乡各个区域，从整体上推动了环境质量的全面提升。

首先，我国的城市环境治理覆盖了多种环境要素。空气质量、水体保护、土壤污染防治、固体废物管理及生态系统保护等多个方面都被纳入了治理范围。在空气治理方面，我国通过实施"大气十条""蓝天保卫战"，大力推进工业废气治理、机动车尾气控制和城市扬尘管理，极大地改善了大气环境质量。在水体保护方面，国家出台了"水十条"，系统推进流域综合治理和饮用水源保护，显著提升了全国地表水的水质状况。在土壤污染防治方面，实施了"土十条"，通过源头控制和修复治理，改善了农田和工业用地的土壤环境质量。

其次，我国城市环境治理的覆盖面广，还体现在城乡统筹方面。在城市环境治理方面，政府实施了一系列措施，控制建筑施工扬尘，提升污水处理能力，推进垃圾分类和资源化利用，改善了城市生态环境。在农村环境治理方面，通过美丽乡村建设、农村污水治理、农业面源污染控制等措施，改善了农村人居环境，解决了长期存在的环境问题。

再次，我国城市环境治理的覆盖面还延伸至工业、农业、交通、服务业等各个产业和领域。在工业方面，政府通过推动清洁生产、加强排放监管、淘汰落后产能等措施，减少了工业污染物的排放；在农业方面，政府通过推广有机农业、减少化肥农药使用、治理畜禽养殖污染，降低了农业生产对环境的负面影响；在交通方面，政府通过推广新能源汽车、优化交通结构、控制船舶和飞机排放，减少了交通运输对空气和水体的污染；在服务业方面，政府通过绿色消费、节能减排等措施，促进了行业的可持续发展。

最后，政府制定了一系列环境保护法律法规和政策文件，如《环境保护法》《大气污染防治法》《水污染防治法》《中华人民共和国固体废物污染环境防治法》等，形成了完善的环境法律体系。这些法律法规涵盖了环境保护的各个方面，为环境治理提供了法律保障和操作指南。

二、中国城市环境治理需要多部门的协调合作

环境治理是一个复杂而系统的工程，多部门的协调合作是环境治理成功的关键。首先，环境治理涉及多种环境要素，需要各相关部门分工协作。例如，水污染治理不仅需要生态环境部门的监测与执法，还需要水利部门的水资源管理、农业部门的农业面源污染控制、住房和城乡建设部门的城市污水处理等。各部门各司其职，协同合作，才能从源头上控制污染，提升治理效果。

其次，环境治理需要统筹考虑经济发展和环境保护的平衡。发展和改革部门在制订经济发展规划时，需要确保在推动经济发展的同时不破坏环境。财政部门提供必要的资金支持，保障环保项目的顺利实施。工业和信息化部门着力推进产业结构调整，鼓励绿色技术和清洁生产工艺的应用，减少工业污染。

再次，交通运输部门与环境治理的关系也极为密切。机动车尾气排放是城市空气污染的重要来源之一，交通运输部门通过推广新能源汽车、优化公共交通系统、实施机动车限行等措施，与生态环境部门协同作战，有效降低了大气污染物的排放。此外，海运和航空领域的污染控制也需要交通运输部门与生态环境部门的紧密配合。

最后，环境治理需要建立高效的协调机制。通过成立跨部门的环境保护领导小组或委员会，定期召开联席会议，研究和解决环境治理中的重大问题。这种机制不仅能够促进各部门的信息共享和政策协调，还能够推动联合执法和专项行动的实施，确保环境治理措施的落地见效。

三、中国城市环境治理需要多区域参与

环境治理是一个跨越行政边界的复杂任务，污染的扩散和生态系统的连通性决定了单个区域无法独立应对环境问题。因此，多区域协调成为环境治理的重要保障。

首先，流域治理是多区域协调的重要体现。河流和湖泊流经多个省份，单一行政区域的治理措施难以解决整个流域的环境问题。例如，长江、黄河、珠江等流域的环境治理，需要沿线各省份的紧密合作。通过建立跨省流域管理机构，制定统一的治理标准和目标，实施联合监测和执法，能够有效控制污染源，改善流域水质。

其次，区域联防联控机制在大气污染治理中发挥着关键作用。空气污染具有跨区域传输特性，一个地区的污染排放往往会影响邻近地区的空气质量。京津冀、长三角、珠三角等重点区域通过建立区域联防联控机制，协调各地政府共同

应对大气污染问题。这些区域制定了统一的排放标准，实施同步的污染防治措施，并通过信息共享和联合执法，形成了协同治理的有效模式。

最后，多区域协调涉及环境信息的共享与技术合作。各地区在环境监测、污染防治、生态修复等方面积累了丰富的经验，通过区域间信息共享和技术合作，可以互相借鉴、共同提高。例如，通过共享环境监测数据，能够提供全面的环境质量状况，为科学决策提供依据；绿色技术合作则可以推动先进环保技术的推广应用，提高各地的治理水平。

通过建立长效合作机制，推动区域合作的顺利进行。通过设立如"长江经济带生态环境保护联席会议制度"等区域环境保护联席会议制度，定期召开会议，研究和解决跨区域的环境问题。通过签订"京津冀及周边地区大气污染防治协作协议""泛珠三角区域环境保护合作协议"等区域环境保护合作协议，明确各方的责任和义务，确保协调行动的持续推进。此外，通过设立区域环境治理专项基金，支持跨区域的环境治理项目，增强各地的合作动力。

四、中国城市环境治理是多尺度协调的过程

环境治理是一个复杂而系统的工程，涉及多个层面和领域，需要在国家、省级、市级，以及社区和基层等不同层面进行协调与合作。

在国家层面，宏观调控和政策制定为环境治理提供了总体框架和方向。中央政府通过制订国家环境保护规划，出台环境法律法规和政策文件，明确环境治理的目标和重点任务。例如，《环境保护法》《大气污染防治法》《水污染防治法》等法律法规为全国环境治理提供了法律依据和操作指南。同时，国家层面的专项行动计划，如"蓝天保卫战""水十条""土十条"等，系统部署了具体的治理措施和实施路径。

在省级层面，各省份根据国家政策和地方实际情况，制订和实施具体的环境治理方案。省级政府在环境治理中起到承上启下的作用，通过区域性环境规划、政策细化和资金支持，确保国家政策在地方的落地实施。例如，省级政府可以根

据区域环境特点，制定区域性大气污染防治措施、水污染防治方案等，推动跨市、跨县的联防联控和协同治理。

在市级层面，市级政府是环境治理的具体执行者和监督者。市级政府通过实施环境监测、污染源监管、环境执法等措施，确保环境治理政策的落实。同时，市级政府还负责组织和协调辖区内的环境治理工作，推动污染企业的整改和转型升级，建设污水处理厂、垃圾处理设施等环保基础设施。例如，许多城市通过实施环保网格化管理，将环境治理责任落实到具体街道和社区，形成了全覆盖的环境监管网络。

在社区和基层层面，环境治理需要依靠社区居民和基层组织的广泛参与。社区是环境治理的末端和落脚点，通过社区环保宣传、垃圾分类推广、社区绿化等活动，提高居民的环保意识和参与度。例如，许多城市通过成立社区环保志愿者服务队，组织居民开展环保知识讲座、环保志愿服务等活动，增强了社区居民的环境保护意识和责任感。

需要注意的是，环境治理还需要协调与经济发展和就业的冲突问题，尤其是边远地区的政府需要平衡经济发展与环境保护的关系。在这些地区，经济发展通常依赖于资源密集型和高污染的产业，环境治理措施可能会带来短期的经济压力和就业减少。因此，需要实现经济发展和环境保护的有效协调。

多尺度协调不仅体现在纵向的政府层级之间，还体现在横向的部门之间。例如，生态环境部门、发展和改革部门、财政部门、住房和城乡建设部门、交通运输部门等，需要在各自职责范围内协同合作，共同推进环境治理。通过建立多部门联席会议制度、信息共享平台和联合执法机制，打破部门壁垒，形成治理合力。

五、我国城市环境治理的公众参与度不断提升

在我国，公众通过多种方式积极参与环境保护，推动了政府和企业的环境治理工作。首先，社交媒体成为公众参与环保的重要平台。微博、微信等社交媒体

平台为公众提供了便捷的交流和互动渠道，公众可以通过这些平台分享环保信息、讨论环保议题、举报环境违法行为（Wang and Jia, 2021；Wang et al., 2023）。公众可以在微博和微信发布污染事件的照片和视频，引发社会关注和媒体报道，促使相关部门及时采取行动。另外，社交媒体还为环保组织和志愿者提供了组织和宣传的平台，推动了环保活动的广泛开展。

政府通过信息公开和公众参与机制，积极推动公众参与环境决策和监督。环境信息公开制度使公众能够获取环境质量、污染源和环保执法等方面的信息，增强了环境治理的透明度。公众听证会、环境影响评价公示等制度则为公众提供了参与环境决策的机会，公众可以对重大环境政策和项目提出意见和建议，确保决策的科学性和民主性。

公众的广泛参与和监督，增强了政府和企业的环保责任意识，促使它们更加重视环境保护工作。公众通过举报环境违法行为、参与环境治理项目、监督企业环境绩效等方式，对政府和企业行为形成了有效监督，推动了环境治理措施的落实。

第三节　中国城市环境治理面临的挑战

一、中国城市环境治理的多尺度协调问题

中国的环境治理需要在国家、省级、市级，以及社区和基层等不同层面上进行协调，由于治理结构和执行机制的复杂性，多尺度协调治理面临诸多挑战。

（1）中央与地方政府在环境治理目标和利益上的差异。中央政府通常强调长期的环境保护目标和全国整体利益，而地方政府可能更关注短期的经济发展和本地区的利益。在经济发展压力下，一些地方政府可能会放松环境执法，导致环

境政策难以在地方层面得到严格执行。例如，一些地方政府在招商引资过程中，对高污染企业的监管不力，导致出现环境污染问题。

（2）部门间的协调不足。环境治理涉及生态环境部、工业和信息化部、交通运输部、农业农村部等多个部门，各部门的职责分工不同，容易出现职责交叉和推诿现象。例如，在治理水污染时，环保部门负责水质监测和执法，水利部门负责水资源管理，农业部门负责农业面源污染防治，部门间缺乏有效的协调机制，可能导致治理措施不一致，影响整体治理效果。

（3）地方政府间的协调不足。环境问题具有跨区域的特性，单个区域的治理措施往往难以独立解决跨区域的环境问题。例如，流域治理和大气污染防治需要多个地方政府的协同合作，但在实际操作中，由于各地方政府的资源、能力和优先级不同，往往难以形成统一的治理行动。缺乏有效的区域协调机制，导致跨区域环境治理的难度增加。

（4）基层环境治理能力不足。基层政府在环境治理中扮演着重要角色，但由于受人员、资金和技术等方面的限制，基层环境治理能力往往不足，难以有效执行上级政府的环境政策和措施。例如，一些农村地区缺乏必要的污水处理设施和垃圾处理系统，环境治理工作难以落实。

（5）公众参与不足。尽管公众在环境治理中的作用越来越重要，但在实际操作中，公众参与机制尚不完善，公众的意见和建议难以有效传递到决策层。此外，一些地方政府在环境信息公开和公众参与方面做得不够，不仅影响了公众的参与热情，也影响了环境治理效果。

二、中国城市环境治理的中央与地方的协调问题

在中国的环境治理体系中，中央和地方政府各自扮演着重要角色，中央政府负责制定总体政策和目标，地方政府负责具体的执行和落实。然而，这种中央与地方的治理结构在实际操作中面临许多协调问题，影响了环境治理工作的有效性。

（1）中央和地方政府在环境治理目标和优先级方面存在差异。中央政府往往更注重长期的环境保护目标和全国整体利益，提出的政策和标准相对严格。然而，地方政府则面临经济发展和环境保护的双重压力，短期内更倾向优先发展经济（He et al.，2012；Ran，2017），特别是在经济欠发达地区，环境保护常被视为次要任务。这种目标和优先级方面的不一致导致地方政府在落实中央政策时出现执行力度不足、执行变形等问题。

（2）中央与地方在环境治理资金和资源分配方面存在不均衡。环境治理需要投入大量资金和补贴，中央政府通常会提供部分资金支持，地方政府往往需要承担主要的治理费用。然而，不同地区的经济发展水平和财政能力差异较大，一些经济欠发达地区缺乏足够的财政支持，难以有效落实环境治理措施。这种资金和资源分配方面的不均衡加大了中央政策在地方执行中的难度。

（3）地方政府在环境治理中的自主权和问责机制不完善。尽管中央政府通过各种法律法规和政策文件对地方政府的环境治理提出了明确要求，但在实际操作中，地方政府在政策选择和执行方式上仍有较大的自主权。这种自主权在缺乏有效问责机制的情况下，容易导致地方政府在执行中央政策时出现变通或选择性执行情况，影响治理效果。

（4）信息传递和沟通不畅制约了中央与地方的有效协调。中央政府需要及时了解地方环境治理的实际情况，以便调整和完善政策。然而，由于信息传递渠道不畅、地方政府上报信息的准确性和及时性不足，中央政府在制定和调整政策时可能会缺乏科学依据和实际数据支持。信息沟通受阻影响了中央政策的科学性和针对性。

（5）跨区域环境问题凸显了中央与地方协调的重要性。环境问题往往具有跨区域特性，需要多个地方政府的协同治理。然而，地方政府之间缺乏有效的协调机制和合作平台，因此中央政府在跨区域协调中扮演着重要角色。如何有效协调各地方政府形成统一的治理行动，是中央与地方协调中的一大挑战。

三、政府对企业的环境规制方式问题

在环境治理中，政府对企业的环境规制方式主要包括命令控制型环境规制和市场激励型环境规制，这两种方式各有优缺点，需要综合运用以实现最佳治理效果。

命令控制型环境规制是通过法律法规、行政命令等手段直接规定企业的排放标准、技术要求和行为规范。这种方式的优点在于其强制性和明确性，可以迅速有效地控制污染源。例如，我国通过《环境保护法》《大气污染防治法》等法律法规，对企业的排放标准进行了严格规定，环保部门定期检查，确保企业达标排放。然而，命令控制型环境规制的严格执行可能提高企业的遵从成本，特别是中小企业可能面临较大的经济压力。这种方式的缺点在于对政府执法和监督能力要求较高，可能提高监管成本。此外，这种方式容易导致在执行过程中出现"一刀切"现象，忽视企业在技术水平、经济实力上的差异，缺乏灵活性。

市场激励型环境规制通过经济手段引导企业自觉减少污染，如排污收费、排污权交易、绿色税收等。这种方式的优点在于其灵活性和激励作用。通过排污收费制度，企业为污染行为支付成本，从而有动力减少污染排放。排污权交易机制则允许企业之间进行排污权买卖，鼓励低成本减排，有利于提高整体减排效率。中国部分地区已经试点了排污权交易，并取得了良好效果。绿色税收政策则通过税收优惠鼓励企业采用环保技术和生产方式。然而，市场激励型规制设计和实施复杂，需要完善的市场机制和监管体系，实施效果依赖企业的经济理性，在某些情况下可能无法达到预期的减排效果。

在污染治理过程中，我国更重视命令控制型治理手段，而较少依赖市场激励型治理手段（He et al.，2022）。命令控制型治理手段的优点在于能够迅速地让污染者将污染成本内部化，尤其是在那些减排路径较为明确、技术较为成熟的领域，能够让环境质量改善有较高的确定性。但这些政策给企业带来一定的效率损失和激励扭曲，监管机构也较难平衡各方利益。而市场激励型规制有利于通过经济手段鼓励更高水平的环保行动。有效的环境治理需要这两种规制方式的有机结合，以实现既严格又灵活的监管，推动企业积极参与环境保护，实现可持续发展。

第四节 内容安排

本书集合了理论实证研究与实践探索，深入探讨了城市环境治理与可持续发展领域的多个重要议题，从政策实践和影响途径两个维度进行了全面的分析和探索。首先，通过大量的实证研究和数据分析，揭示了产业集聚、环境规制、技术水平对污染物排放和环境质量的影响机制。尤其是结合社交媒体大数据，探讨了社会舆论对环境问题的关注程度与空气质量的关联性，展现了新兴技术在环境治理中的潜力。其次，评估了部分环境政策的实施效果，尤其是关注了"大气十条"等政策对环境质量改善的影响机制。最后，从关系、流空间和网络视角，综合分析了区域间网络及企业和地方关系网络对污染企业转移的影响机制和效应。本书将理论与实践相结合，以数据和一手调研资料支撑研究结论，为优化城市环境治理并促进可持续发展提供理论指导和实践借鉴。

本书共分为七章。除本章外，第二章将社交媒体和经济网络整合到空间杜宾模型中，探讨产业集聚、环境规制和技术水平如何影响城市污染排放强度和空间外溢渠道。结果表明，产业集聚、环境规制和技术投入有利于降低污染排放强度，并且通过空间、社会和经济网络影响邻近地区的污染物排放强度。产业集聚通过社交媒体和空间网络对周边城市的污染物排放强度产生负溢出效应，环境规制通过社会网络影响相关城市的污染物排放强度，技术投入可以通过经济网络有效降低污染物排放。这些发现凸显了影响污染物排放强度的网络联系和溢出渠道。

第三章试图从理论层面和实证层面就环境政策对开发区的环境影响进行系统性研究。将"水十条"政策视为一种准自然实验，通过缓冲区分析方法，将全国流域重点断面水质监测点与开发区匹配，采用双重差分模型探讨了环境政策对开发区环境治理的影响。结果发现，开发区的设立加剧了周边地区的水污染状况，但相对于其他区域，"水十条"政策显著改善了开发区周边地区的水质，尤其是高污染产业集聚区的水质。研究结果证实，以开发区为代表的产业集聚区可以通过集中处理污染物排放有效改善周边环境，而环境政策能够有效促进集聚区的环境治理。

　　第四章以微博为例，探讨了社交媒体的环境关注对城市 PM2.5 浓度的影响及内在机制。结果发现，微博的环境关注的空间分布显示出向高等级和高污染城市聚集的倾向，PM2.5 浓度高的地区集中在煤炭资源或重工业集聚的地区。空间计量模型的结果证实了社交媒体的环境关注能显著降低 PM2.5 浓度，层级较高的城市及创新能力较强的城市能够更好地回应社交媒体的环境关注，并有效降低城市的 PM2.5 浓度。本书的研究表明，社交媒体的环境关注已经成为环境治理中的重要力量之一，在分析环境问题时应该充分考虑新兴社交媒体平台的作用。

　　第五章基于全国 288 个地级市空气质量指数及相关变量数据，并利用空间分析和空间计量模型等手段，首先探讨了"大气十条"政策的实施效应及影响渠道，结果发现，"大气十条"政策的实施不仅能有效减少空气污染，而且能有效降低京津冀和长江中下游地区的空气污染强度。空间集聚能够有效促进"大气十条"政策发挥对改善空间质量的作用。其次环境规制强度、工业产值比重和高污染产业产值对空气质量指数均存在显著的影响。对于集聚水平更高的城市群而言，集聚水平的提升能够带来政策环境效益的提高。最后人均可支配收入的增长有助于缓解环境压力，验证了环境库茨涅兹曲线的存在。

　　第六章深入集团式企业内部，从区域间关联的视角观测污染企业的扩张行为。基于"企查查"提供的全样本企业数据和企业间投资关系数据，探究了污染企业的空间扩张。结果发现，长三角地区的污染企业经历了"邻近式扩张—从省内邻近式扩张到省内远距离扩张—以省内为主、以省际为辅的扩张—省内和省际并行扩张"的演化过程。基于面板负二项模型的估计结果表明，污染企业空间扩张的区位影响因素由产业升级与资源限制因素扩展到地价、劳动力成本、产业集聚等多方面的市场因素。扩张目的地由省际边缘区转向沿海港口城市。

第七章以倪家港集团为例，分析了在环境规制背景下的空间转移。研究发现，环境规制对污染企业的经营风险、投资机会和融资环境产生显著影响，促使这些企业在空间上表现出"污染避难所"效应。运用"推力—拉力"模型揭示政府、企业和公众在企业迁移过程中所能发挥的作用。在企业迁移过程中，苏南地区因环境规制严格迫使污染企业外迁，苏北地区则通过降低环境规制标准和提供优惠政策吸引这些企业，从而推动了污染企业在省级尺度的空间转移。因此，地方层面的环境治理需要在经济发展与环境保护之间进行协调，尤其是经济欠发达地区和边远地区的政府需要平衡经济发展和环境保护的关系。

参考文献

［1］He C, Zhang T, Rui W. Air quality in urban China［J］. *Eurasian Geography and Economics*, 2012, 53（6）：750-771.

［2］He G, Pan Y, Xie Y. Market vs. planning：Emission abatement under incomplete information and with local externalities［R］. *Working Paper*, 2022.

［3］Ran R. Understanding blame politics in China's decentralized system of environmental governance：Actors, strategies and context［J］. *The China Quarterly*, 2017（231）：634-661.

［4］Wang J, Jia Y. Social media's influence on air quality improvement：Evidence from China［J］. *Journal of Cleaner Production*, 2021（298）：126769.

［5］Wang J, Wei Y D, Lin B. How social media affects PM2. 5 levels in urban China？［J］. *Geographical Review*, 2023, 113（1）：48-71.

第二章 产业集聚、环境规制、技术投入与污染物排放

——整合空间网络、社会网络和经济网络的分析

第一节 引言

随着中国经济的快速发展和城市化进程的持续推进，环境问题日益受到各界的关注（Gu et al.，2018；Zhao et al.，2018）。城市的污染排放不仅受到本地区社会经济因素的影响，还与其他地区的社会经济及空间联系密切相关。已有的研究（Krugman，1991；Arrow et al.，1995；Fujita and Thisse，2002；Verhoef and Nijkamp，2002；Lange and Quaas，2007；Zeng and Zhao，2009；Andersson and Lööf，2011；Kyriakopoulou and Xepapadeas，2013；Berliant et al.，2014；He et al.，2014；陆铭和冯皓，2014；Lee and Ohb，2015；Cheng et al.，2016；Zhu and He，2016；Cheng et al.，2017；Shen et al.，2017；Zheng and Shi，2017）从环境规制、环境治理、技术、能源结构和制度角度研究了影响污染物排放的机制，并探讨了产业集聚与排放之间的关系（Lange and Quaas，2007；Cheng，2016）。但大

多数研究较少考虑空间溢出效应。

人类活动在各种网络中相互依存（Ye and Liu，2018；Zhen et al.，2018；Yang et al.，2019）。空间网络和空间流动是当前社会和经济生活的重要特征（Ter Wai and Boschma，2009；Peng et al.，2018）。然而，社会和经济网络对污染物排放的影响尚未得到充分探讨（Chong et al.，2017）。社交媒体平台积累了大量的环境信息和地理信息，反映了社会对环境污染问题的关注程度（Kay et al.，2014；Li et al.，2017；Peng et al.，2018）。这些数据可用于构建空间社交网络（Chong et al.，2017）。

本章基于2003~2016年285个地级及以上城市的面板数据，采用空间杜宾模型（SDM），探讨了产业集聚、环境规制和技术投入如何影响污染物排放强度，并揭示了产业集聚和环境规制如何促进污染物排放的减少。利用微博API中的社交媒体数据和经济数据构建微博社交网络和经济网络，通过在模型中引入社交媒体和经济网络，探讨产业集聚、环境规制和技术投入对污染物排放的空间、社会和经济溢出效应。

第二节　文献综述

已有研究认为，经济发展水平、环境规制、政治透明度、研发投入和所有权均能影响地区污染物排放（Verhoef and Nijkamp，2002；Lee and Oh，2015）。其中，环境规制受到的关注最多（Arrow et al.，1995；Zeng and Zhao，2009；Berliant et al.，2014）。一些研究也探讨了产业集聚和技术投入对污染物排放的影响（Lange and Quaas，2007；He et al.，2014；Cheng，2016）。然而，人们对不同城市之间溢出渠道的关注不够。

一、产业集聚、空间网络和污染物减排

产业集聚带来了收益递增和生产率提高（Krugman，1991），一些研究分析了制造业空间分布对污染物排放的影响，但由于采用的样本、方法及变量不一致，并未得到一致的结果（Lange and Quaas，2007；He et al.，2014；Cheng，2016）。例如，陆铭和冯皓（2014）发现集聚与污染之间存在正相关关系，而Cheng 等（2017）发现二者之间存在倒"U"形关系。He 等（2014）发现制造业就业密度与工业二氧化硫（SO_2）或烟尘排放强度之间存在三次方的非线性关系。

产业集聚可能从三个方面影响污染物的排放。首先，通过发展集中式回收设施降低单位污染成本（He et al.，2014）。Fujita 和 Thisse（2002）发现集聚可以通过提升规模经济效益来提高企业生产率。Andersson 和 Lööf（2011）基于企业层面的数据发现，集聚可以通过扩大经济规模来提高企业生产率，从而减少污染物排放量。企业集聚在一起可以集中利用回收系统，从而降低处理成本。对于按环保法规要求需要建立集中污水处理系统的工业园区或经济开发区内的企业来说尤其如此。2015 年，"水十条"要求工业集聚区在 2017 年底前建立污水集中处理设施，并安装自动在线监控装置。许多工业园区因此改进了污染处理系统（Zhu and He，2016），将废弃物处理与污染物循环利用相结合，从而在一定程度上降低了污染物排放并提升了生产效率（Cheng et al.，2017）。

其次，产业集聚可以通过政府的集中管理降低环境监管的成本。有研究表明，随着企业数量的增加，环境规制的执行会变得越来越困难（van Rooij and Lo，2010）。尤其是当企业在空间上分散时，监管成本将不可避免地增加。当企业集聚时，政府很容易通过行政监管部门集中管理污染企业，更方便地管理和处罚企业的违规排放行为，从而抑制企业的非法排放。

最后，产业集聚可以促进企业间的技术交流与学习。城市集聚与密集的知识流动有关（Rosenthal and Strange，2003；Audretsch and Feldman，2004；Lin et al.，

2017）。创新思想和创新活动更容易出现在集聚度较高的集群中（Jaffe et al.，1993；Audretsch and Feldman，1996；Baptista，2000）。技术人才更多地集聚于产业集聚区，绿色创新技术在城市密集区的开发和传播速度更快，因此位于集聚区的企业更有可能采用集群内先进的绿色技术（Dong et al.，2012），从而降低污染物排放水平。

由于污染具有跨界性，产业集聚也会对邻近地区产生溢出效应（Hosoe and Naito，2006）。一个地方的污染很容易扩散到邻近城市，二氧化硫和烟尘等空气污染物尤其容易扩散。因此，基于地理空间邻近产生的空间溢出效应是产业集聚对污染排放影响的重要因素（Cheng et al.，2017）。一个地区的产业集聚可能会通过多种方式影响周边地区的污染物排放强度。一方面，由于污染物具有扩散特征，产业集聚会在空间上提升相关联地区的污染物排放强度。另一方面，产业集聚可能通过提高污染处理效率或建立包括周边城市在内的污染循环网络系统，降低周边城市的污染物排放强度。但这种溢出效应是否通过社会网络和经济网络产生影响还需要进一步的实证检验。

二、环境规制、社会网络与污染物减排

环境的改善还来源于人们环保意识的提高和政府对环境问题日益严格的监管措施（Triebswetter and Hitchens，2005）。已有研究表明，加强环境规制可以降低企业的污染处理成本，减少工业污染物的排放强度（Mani and Wheeler，1998；Costantini et al.，2013）。在严格的环境规制条件下，企业被迫升级技术并采用清洁生产设备来减少污染物排放（Mani and Wheeler，1998；Greenstone，2002）。

与西方国家相比，中国在经济发展的相同阶段更加重视环境问题（Smil，1997，1998；Wu et al.，2019）。中国的环境法规主要由中央政府制定并由地方政府执行（Jahiel，1997）。实际上，中央政府难以掌握地方环境保护执法情况的全部信息。一方面，地方环保部门负责监督污染企业并协调规划机构，对地方环境质量负责（Zheng and Shi，2017）。地方政府为地方环保部门提供年度预

算，并负责人员分配。另一方面，地方政府负责辖区内的经济发展，当辖区内经济快速增长时，地方官员更容易得到晋升（Zheng and Shi，2017）。因此，财政预算紧张的地方政府往往愿意以牺牲环境为代价来追求经济增长（Yang and He，2015）。然而，财政压力较小的发达城市有动力制定和遵守更严格的环境规制。

环境规制还可以通过不同渠道对周边城市的污染物排放产生溢出效应。"污染天堂假说"认为，地区环境规制的增强可能导致污染企业迁移到周边地区（Grossman and Krueger，1991；Eskeland and Harrison，2003；Cole，2004；Wagner and Timmins，2009；Zheng and Shi，2017）。社会和经济网络通过社会或经济联系使城市之间的联系更加紧密。一方面，城市可能受到社会网络和经济网络上其他城市环境规制的影响。如果一个城市的地方政府实施了严格的环境规制，那么通过社会和经济网络联系在一起的其他城市可能会出台类似的环境规制政策，从而减少这些城市污染物的排放量（Chong et al.，2017）。另一方面，受环境规制影响地区的经济活动也可能通过社会网络和经济网络转移到其他城市。这种转移可能导致环境规制对网络中其他城市的环境产生负面溢出效应。因此，环境规制严格的城市的发展可能会以牺牲其他城市的环境为代价。通过社会网络和经济网络连接的其他城市的环境规制与污染物排放之间预计会存在正相关关系。环境规制对污染物排放的净效应取决于这两种效应之间的平衡。

三、技术投入、经济网络与污染物减排

研究表明，来自政府或企业的技术投入是减少污染物排放的重要因素（Tsoutsos et al.，2005；Hilty et al.，2006；Melville，2010；Horbach et al.，2012），这与波特假说的主张一致。新能源技术和信息技术可以通过提高生产效率或将消费重点从产品转向服务对环境产生积极影响（Hilty et al.，2006）。中国政府日益重视技术创新对经济增长的推动作用。"十三五"规划纲要提出，加快建设资源节约型、环境友好型社会，形成人与自然和谐发展现代化建设新格局。

然而，由于各城市所处的发展阶段及吸引人才的能力不同，其技术水平也不尽相同，这将对污染物排放强度产生差异化影响。

由于新知识和新技术的来源地高度集聚于少数地区，大多数城市采用的技术都是在其他地区产生的。因此，技术溢出效应非常重要（Costantini et al.，2013）。以往的研究只考察了与技术有关的空间溢出渠道（Cheng et al.，2017）。然而，技术还可能通过地区间的社会经济互动传播，本章认为社会和经济网络对绿色环保技术的传播及污染物减排有很重要的作用。本章将基于微博数据的社会网络和经济网络纳入计量模型，从而确定网络中其他城市的技术投入是否会通过网络渠道影响污染物排放强度，认为技术进步有助于网络中相关联的城市降低污染物排放强度。

四、污染物排放的空间溢出效应

环境污染物排放强度还可能受到邻近地区污染物排放的影响。一个地区的污水和有害气体很容易扩散到周边地区（Wang et al.，2013），企业的污染物排放也可能影响存在空间相关的周边地区的环境（Barrios et al.，2006；Chen et al.，2017）。污染处理设施和绿色清洁技术的使用往往存在空间趋同性（Cheng et al.，2017）。因此，在考虑污染物排放强度的影响机制时，控制区域间的空间相关性至关重要。本章的分析框架如图 2-1 所示。

我国城市化进程的持续推进、环保法规的全面实施及新技术投入的不断增加，为本章的研究提供了有利前提，研究不同地区的产业集聚、环境规制和技术投入如何影响污染物排放具有重要意义。同时，通过整合空间网络、社会网络和经济网络，本书深入探讨了产业集聚、环境规制和技术投入与污染物排放强度之间关系的溢出效应。

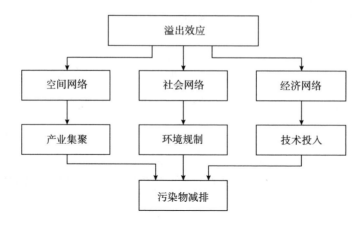

图 2-1　本章的分析框架

第三节　方法与数据

一、网络的定义与数据来源

为了考虑城市间的溢出效应，本章使用了三种不同类型的网络，即社交媒体网络、经济网络和空间网络，分别从社交媒体关注度、经济联系和空间位置三个方面反映城市间的关系。社交媒体网络在社会科学研究中可以用来表示城市间的社会联系网络（Chong et al.，2017）。信息流会通过城市间社交媒体联系及相互关注程度反映出来。新浪微博是我国重要的社交平台（Gao et al.，2012），月活跃用户接近 6 亿，微博大数据可以在一定程度上反映民众的观点。环境污染问题一直是微博热门话题。本书采用社交媒体数据，并结合地理信息构建与环境相关的城市间的社交媒体网络。

本章使用基于 Python 的网络爬虫从微博中获取与环境相关的帖子。首先，通过与环境相关议题的关键词确定环境主题，关键词包括最常提及的环境话题，如雾霾、水污染、空气污染、污染排放、环境治理、环境规制，这些关键词反映了人们对环境的关注程度。基于关键词收集每个与环境相关帖子的微博 ID 和发布时间，以提供每个帖子的 ID 标识、文本内容、发布时间和所在位置等信息。通过汇总各城市的发帖地点，计算出 2010～2016 年各城市与环境相关帖子的总数。利用这些数据构建与环境问题相关的城际联系。

其次，利用引力模型构建微博网络如下：

$$L_{ij}^{w} = \frac{P_i P_j}{d_{ij}^2}$$

其中，L_{ij}^{w} 为城市 i 和城市 j 之间微博网络连接的总数，P_i 和 P_j 分别为包含城市 i 和城市 j 关键词的微博总数，d_{ij}^2 为两个城市之间的距离。

最后，构建经济网络表示两个城市之间的经济联系，如下所示：

$$L_{ij}^{e} = \frac{E_i E_j}{d_{ij}^2}$$

其中，L_{ij}^{e} 为城市 i 和城市 j 之间经济网络连接的总数，E_i 和 E_j 分别为城市 i 和城市 j 的国内生产总值，d_{ij}^2 为两个城市之间的距离。

二、回归分析

本章通过在计量模型中引入社会网络和经济网络，探讨产业集聚、环境规制和技术投入如何影响并通过不同网络影响地区污染物排放强度。为了检验本章的预测结果，引入了产业集聚、环境规制和技术投入变量。借鉴已有的研究成果，本章还引入经济开放度、城市经济发展、产业结构和能源强度作为控制变量（Hosoe and Naito, 2006；Dong et al. , 2012；Costantini et al. , 2013；Lee and Ohb, 2015；Cheng et al. , 2016）。基本地理单元为地级及以上城市，研究期限为 2003～2016 年，回归模型如下：

$$\ln Pollution_{it} = \beta_0 + \beta_1 \ln VA_{it} + \beta_2 Firms_{it} + \beta_3 \ln Regulation_{it} + \beta_3 Treatrate_{it} + \beta_5 Techinput_{it} +$$

$$\beta_6 \ln Patent_{it} + \beta_7 FDI_{it} + \beta_8 \ln GDPPC_{it} + \beta_9 \ln IND_{it} + \beta_{10} \ln TER_{it} +$$

$$\beta_{11} \ln Energy_{it} + \alpha_i + \gamma_t + \varepsilon_{it} \tag{2-1}$$

三、变量设定

因变量为污染物排放强度，包括废水排放强度（*Wastewater*）、二氧化硫排放强度（*SulfurDioxide*）和烟尘排放强度（*Soot*）。排放强度是指单位工业增加值的污染物排放量。借鉴 Ciccone（2002）的方法，用单位城市面积的工业增加值（*VA*）来表示产业集聚水平。由于工业增加值难以区分产值是来源于少数大企业还是多家中小企业，因此将销售额超过 500 万元的企业数量（*Firms*）作为外部集聚的替代指标。

城市环境规制水平（*Regulation*）用污染处理费除以城市污染物排放总量来衡量。由于用于三类污染物排放量的单位不同，该变量将污染物排放和污染物处理费指标进行标准化后进行进一步的计算。借鉴 Zhou 等（2017）的研究，本章将二氧化硫排放处理率（*Treatrate*）作为环境规制的代理变量。这是因为在我国二氧化硫排放是中国酸雨的主要成因。根据《2018 年中国生态环境状况公报》，在监测降水的城市（区、县）中，酸雨频率平均为 10.5%。出现酸雨的城市比例为 37.6%。酸雨类型总体为硫酸型。受酸雨影响的总面积占国土面积的 5.5%。酸雨主要分布在中国的长江以南—云贵高原以东地区。我国《大气污染防治法》要求，在指定的酸雨控制区和二氧化硫污染控制区企业安装脱硫设施或采取其他措施控制二氧化硫排放。因此，一座城市的工业二氧化硫排放的达标比例可以反映地方环境规制的严格程度。其他污染物，如 COx、NOx、PM2.5 和 PM10 的处理率也很重要，但由于缺乏长时间跨度的统计数据，因此没有引入。预期这两个变量均能显著降低污染物排放强度。

新技术的采纳有利于降低污染物排放强度，因此将城市的科技财政支出（Techinput）作为地区技术投入的代理变量，预期该变量能降低污染物排放强度。

发明专利能够反映一座城市的创新能力。引入人均发明专利数（*Patent*）衡量城市的技术水平（王俊松等，2017），预期技术水平越高的地区，其污染物排放强度越低。

本章还纳入了其他控制变量，如经济发展水平、经济开放度、产业结构和能源强度（Chen et al.，2017；Cheng et al.，2017；Zheng and Shi，2017；Zhou et al.，2017；Wu et al.，2019）。其中，经济发展水平用人均 GDP（*GDPPC*）表示，并将 GDP 调整为以 2003 年为基期的不变价格。经济开放度用外商直接投资额占城市 GDP 的比重（*FDI*）表示。产业结构分别用第二产业（*IND*）和第三产业（*TER*）的产值占城市 GDP 的比重表示。能源强度也可能影响排放强度，使用城市能源消耗除以 GDP（*Energy*）衡量能源强度，预期对污染物排放强度影响为正。

由于用于衡量环境规制的污染处理费变量地市级层面的公开数据仅限于 2007 年之前，因此该变量使用 2003～2007 年的地市级数据和 2008～2016 年的省级数据来衡量。方程的下脚标 i 为地级及以上城市，t 为年份，α_i 为地区固定效应，ε_{it} 为误差项。同时，引入了行业和年份虚拟变量控制行业和时间效应。对连续性变量取对数以获取弹性结果，并降低异常值和异方差的影响。属性数据主要来自历年《中国城市统计年鉴》，其中专利数据来自国家知识产权局网站。变量的定义和说明如表 2-1 所示。

表 2-1 变量的定义和说明

变量		定义
因变量	ln*Wastewater*	废水排放强度（对数）
	ln*SulfurDioxide*	二氧化硫排放强度（对数）
	ln*Soot*	烟尘排放强度（对数）
产业集聚	ln*VA*	单位城市面积的工业增加值（对数）
	ln*Firms*	单位城市面积的企业数量（销售额 500 万元以上）（对数）
环境规制	*Regulation*	环境规制水平
	Treatmentrate	二氧化硫排放处理率

变量		定义
技术投入	ln$Techinput$	科技财政支出（对数）
	ln$Patent$	人均发明专利数
控制变量	FDI	外商直接投资额占城市 GDP 的比重
	ln$GDPPC$	人均国内生产总值（以 2003 年为基期的不变价格并取对数）
	IND	第二产业产值占城市 GDP 的比重
	TER	第三产业产值占城市 GDP 的比重
	ln$Energy$	能源强度

四、空间权重矩阵设定

网络溢出效应可以通过引入空间计量分析识别。由于空间依赖性不仅存在因变量之间，还存在自变量之间，空间杜宾模型可以同时考虑因变量和自变量的空间依赖关系（Elhorst and Fréret，2009；Beer and Riedl，2012）。因此，本章采用空间杜宾模型（SDM）分析产业集聚、环境规制和技术投入对污染物排放强度的溢出效应，并引入解释变量的不同空间滞后项，具体模型如下：

$$\ln Pollution_{it} = \beta_0 + \rho W \ln pollution_{it} + \beta_1 \ln VA_{it} + \beta_2 Firms_{it} + \beta_3 \ln Regulation_{it} +$$

$$\beta_3 Treatrate_{it} + \beta_5 Techinput_{it} + \beta_6 \ln Patent_{it} + W\lambda X + \beta_7 FDI_{it} +$$

$$\beta_8 \ln GDPPC_{it} + \beta_9 \ln IND_{it} + \beta_{10} \ln TER_{it} + \beta_{11} \ln Energy_{it} + \alpha_i + \gamma_t + \varepsilon_{it} \quad （2-2）$$

其中，W 为权重矩阵，反映城市间的相互作用，用于衡量溢出效应的影响渠道，采用三个权重矩阵确定城市间溢出渠道。X 为因变量，主要衡量集聚水平、环境规制和技术投入。ρ 为自变量的空间滞后系数。λ 为因变量的空间滞后系数。

根据微博数据、经济数据和空间位置信息建立了三种网络，分别反映社会关系、经济关系和地理关系。

（1）微博网络联系矩阵（W_{weibo}）用于说明社交媒体对溢出效应的影响，微博网络可以衡量城市间社交媒体的互动程度。矩阵 W_{ij} 的元素设为行标准化为

L_{ij}^w，$W_{ij} = L_{ij}^w \big/ \sum_j L_{ij}^w$，其中 L_{ij}^w 表示城市 i 和城市 j 在微博社交网络中的联系。

（2）经济网络矩阵（W_{ecno}）用于衡量城市之间的经济联系。矩阵 W_{ij} 的元素设为行标准化为 L_{ij}^e，$W_{ij} = L_{ij}^e \big/ \sum_j L_{ij}^e$，其中 L_{ij}^e 表示城市 i 和城市 j 之间的经济联系。

（3）地理网络矩阵（W_{dist}）表示一定范围内城市 i 和城市 j 之间距离倒数的平方，其中带宽设定为 500 千米，即超过 500 千米，城市间关系为 0。地理网络矩阵衡量因地理位置差异产生的城市间溢出效应：$W_{ij} = \dfrac{1}{d_{ij}^2} \bigg/ \sum_j \dfrac{1}{d_{ij}^2} \ if \ d_{ij} < 500$ 千米。

一些研究使用二元邻接矩阵来衡量空间矩阵，即当两个城市相互邻接时，矩阵中的元素赋值为 1，否则赋值为 0（Chong et al.，2017）。然而，由于城市相邻区域面积和邻接范围各不相同，这种方法不能完全反映实际的空间关系（Cheng，2016）。因此，本书将空间矩阵的元素设定为一定距离范围内两城市之间的距离平方的倒数，然后对矩阵进行行标准化处理。

五、污染物排放的空间分布

污染物排放高度聚集于少数区域。例如，沿海地区的废水排放量高于内陆地区。与内陆地区相比，长江三角洲周边地区和京津地区受废水污染物的影响更大。这些地区的人口和工业活动较为密集，因此污染较严重。二氧化硫和烟尘排放分别呈现不同的模式。二氧化硫和烟尘排放量较高的地区主要位于我国北方，尤其是山西省和陕西省。我国西南部的重庆市也是一个高污染地区，因为该地区的重工业发达。

废水排放强度较高的地区主要分布在我国的南部和西北部，尤其是广西壮族自治区和陕西省。这些地区的污染工业数量较多，但工业增加值总额却低于东部地区的工业增加值。二氧化硫污染物排放强度高的地区主要分布在东北、西北和西南地区。

2000 年以来，随着工业向内陆转移，污染物的分布开始向中国中部地区移动（Wu et al.，2018）。2003 年，三种污染物排放的基尼系数为 0.5~0.55。2016 年，废水和二氧化硫污染物的基尼系数下降到 0.45 和 0.53，这表明污染排放正随着污染产业转移向中国中西部地区扩散。同期烟尘排放的基尼系数略有上升，表明烟尘排放仍呈集聚趋势。这可能是因为人们越来越认识到环境问题的重要性，而烟尘排放又是人们最关心的问题，尤其是经济发达地区对烟尘排放的监管更加严格，使该类污染倾向于在少数地区集聚。

网络关系可以直观地显示城市之间的联系。图 2-2 和图 2-3 分别显示了以微博网络和经济网络为代表的城市间社会和经济联系。为清晰起见，只显示了联系

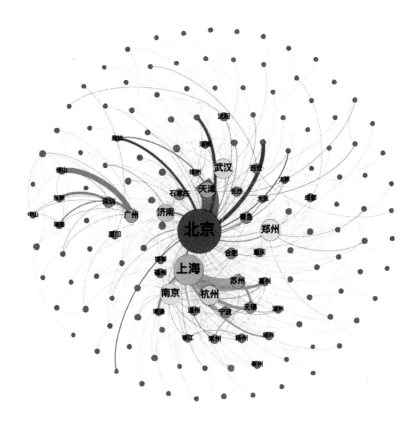

图 2-2　中国部分城市与环境相关的微博网络

最强的10%的部分。在基于微博大数据的社交网络中，联系最强的城市是北京、上海、武汉、郑州、杭州和南京，联系最多的地区则分布在京津冀、长三角、珠三角的内部或区域之间。这些地区的人们通过社交媒体对环境问题的关注度最高。在经济网络方面，联系最紧密的城市是北京—天津、上海—苏州、上海—无锡、广州—深圳。联系最紧密的地区位于我国东部，我国中西部地区的一些区域中心城市，如成都、重庆、西安、郑州、武汉和长沙，也与其他城市有着紧密的联系。

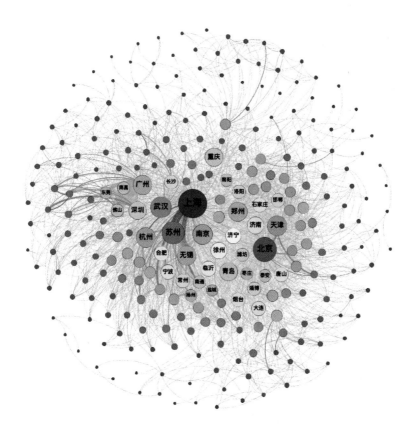

图2-3 中国部分城市之间的经济网络

第四节　计量结果

表2-2是因变量间的皮尔逊相关系数。其中lnGDPPC、lnVA、IND和TER的相关系数均大于0.5，为消除多重共线性的影响，本章在模型中剔除lnGDPPC和TER。估计结果如表2-3至表2-5所示。表2-3是引入社交媒体网络矩阵检验产业集聚、环境规制和技术投入对环境污染的溢出效应的回归结果。表2-4是引入经济网络权重矩阵检验经济网络对污染物排放溢出效应的结果。表2-5显示了引入基于地理位置的空间权重矩阵探讨污染物排放空间溢出效应的结果。在表2-3至表2-5中，第1、第2、第3列的因变量分别为废水排放强度、二氧化硫排放强度和烟尘排放强度。

表2-2　因变量间的皮尔逊相关系数

变量	lnVA	lnFirms	Regulation	treatmenttrate	Techinput	lnPatent	FDI	lnGDPPC	IND	TER	lnEnergy
lnVA	1.00										
lnFirms	0.63	1.00									
Regulation	-0.11	0.06	1.00								
Treatrate	0.40	0.08	-0.14	1.00							
Techinput	0.60	0.38	-0.21	0.46	1.00						
lnPatent	0.47	0.58	0.04	0.12	0.41	1.00					
FDI	-0.07	0.00	-0.07	-0.10	0.00	-0.02	1.00				
lnGDPPC	0.65	0.45	-0.10	0.36	0.64	0.48	0.11	1.00			
IND	0.45	0.16	-0.06	0.10	0.10	-0.03	0.46	1.00		
TER	0.10	0.23	0.06	0.13	0.30	0.38	-0.03	0.23	-0.62	1.00	
lnEnergy	-0.02	0.04	0.07	-0.13	-0.28	0.06	0.00	-0.03	0.17	-0.01	1.00

表 2-3 引入社交媒体网络矩阵的回归结果

变量	Wastewater	SO_2	Soot
$\ln VA$	−0.174**	−0.187**	−0.286**
$\ln Firms$	0.095	0.022	−0.307
$Regulation$	−0.250***	−0.373**	−0.376***
$Treatrate$	−0.158***	−0.607***	−0.306***
$Techinput$	−0.083***	−0.133***	−0.099**
$\ln Patent$	0.007	−0.019	0.032
$W_{weibo} \times \ln VA$	−0.311**	−0.309**	−0.169
$W_{weibo} \times \ln Firms$	0.878***	−0.474**	−0.653**
$W_{weibo} \times Regulation$	0.175***	0.252***	0.248***
$W_{weibo} \times Treatrate$	0.032	0.444***	0.333***
$W_{weibo} \times Techinput$	0.010	0.083**	0.047
$W_{weibo} \times \ln Patent$	−0.057*	0.026	0.035
FDI	0.126	0.228***	−0.215***
IND	−0.015***	−0.006	−0.012**
$\ln Energy$	0.476***	0.300**	0.242
ρ	0.387***	0.427***	0.451***
$Constant$	8.936***	8.402***	7.871***
$Observations$	3682	3682	3682
R^2	0.547	0.567	0.568
R^2_within	0.710	0.706	0.582

注：*** 表示 p<001，** 表示 p<005，* 表示 p<01。

表 2-4 引入经济网络矩阵的回归结果

变量	Wastewater	SO_2	Soot
$\ln VA$	−0.151**	−0.182*	−0.278**
$\ln Firms$	−0.042	−0.023	−0.312
$Regulation$	−0.254***	−0.355**	−0.357***
$Treatrate$	−0.105*	−0.602***	−0.301***

续表

变量	Wastewater	SO$_2$	Soot
Techinput	-0.101***	-0.128***	-0.089**
ln*Patent*	0.008	-0.020	0.023
W_{econ}×ln*VA*	-0.290**	-0.178	-0.098
W_{econ}×ln*Firms*	1.619***	-0.063	-0.368
W_{econ}×*Regulation*	0.076	0.175	0.013
W_{econ}×*Treatrate*	-0.433***	0.195	0.089
W_{econ}×*Techinput*	0.074	0.094	0.055
W_{econ}×ln*Patent*	-0.117**	-0.053**	-0.094*
FDI	0.049	0.183***	-0.199**
IND	-0.017***	-0.005	-0.011*
ln*Energy*	0.493***	0.270*	0.198
ρ	0.422***	0.529***	0.529***
Constant	7.849***	6.382***	6.406***
Observations	3682	3682	3682
R^2	0.557	0.563	0.572
R^2_*within*	0.713	0.702	0.577

注：***表示 p<001，**表示 p<005，*表示 p<01。

表 2-5　引入空间网络矩阵的回归结果

变量	Wastewater	SO$_2$	Soot
ln*VA*	-0.124*	-0.171*	-0.293**
ln*Firms*	-0.224	-0.073	-0.351
Regulation	-0.256***	-0.384**	-0.382***
Treatrate	-0.054	-0.534***	-0.252**
Techinput	-0.100***	-0.127***	-0.082*
ln*Patent*	0.008	-0.019	0.023
W_{dist}×ln*VA*	-0.063	0.062	0.146
W_{dist}×ln*Firms*	3.113***	-2.674**	-4.628***

续表

变量	Wastewater	SO$_2$	Soot
$W_{dist} \times Regulation$	-0.718***	-0.099	-0.512
$W_{dist} \times Treatrate$	-0.684***	0.194	-0.173
$W_{dist} \times Techinput$	0.146	0.139	0.091
$W_{dist} \times \ln Patent$	-0.618**	-0.431	0.542
FDI	-0.170**	0.003	-0.147*
IND	-0.025***	-0.013**	-0.015**
$\ln Energy$	0.582***	0.281**	0.251
ρ	0.767***	0.854***	0.836***
Constant	3.662***	2.798***	3.246***
Observations	3682	3682	3682
R^2	0.555	0.539	0.548
R^2_within	0.701	0.660	0.534

注：***表示 p<001，**表示 p<005，*表示 p<01。

结果基本符合预期。表 2-3 显示，产业集聚显著降低污染物排放，产业集聚度每提高 10%，废水排放强度、二氧化硫排放强度和烟尘排放强度分别降低 17.4%、18.7% 和 28.9%。环境规制系数在三种污染物排放强度中均显著为负，表明环境规制可以降低污染物排放强度，与已有的研究结论一致（Cole et al.，2010；Chong et al.，2016；Shen et al.，2017；Zhou et al.，2017）。研发支出对三种污染物排放强度均存在显著的正向影响，而人均专利数对污染物排放没有影响。表 2-3 和表 2-4 分别将空间权重改为社交媒体网络和经济网络，也得到了类似的结论。政府的技术投入可以用来改进排放处理设备，从而快速减少污染物排放，但专利不能立即转化为技术被利用。

其他系数的符号符合预期。表 2-3 和表 2-4 显示，外商直接投资对废水排放没有显著影响，但能显著降低二氧化硫排放强度和烟尘排放强度。第二产业的比重对废水排放强度和烟尘排放强度都有显著的负向影响，这可能是因为在工业较发达的地区，污染物排放的处理效率更高。能源强度对废水排放强度和二氧化硫排放强度有正向影响，这与之前的研究结果大致相符，即较高的能源强度会导致更多的污染物排放（Chang et al.，2010）。

表 2-3 至表 2-5 分别显示将社交媒体网络（W_{weibo}）、经济网络（W_{econ}）和地理空间网络（W_{dist}）作为空间权重的空间回归结果，通过三个矩阵与因变量之间的交互系数识别产业集聚、环境规制和技术投入对污染物排放强度的网络溢出效应。ρ 值表示网络中其他城市污染排放对本城市污染排放强度的溢出效应。三个表中的 ρ 值均显著为正，表明三种网络的溢出效应为正，表 2-5 中基于地理空间网络的结果明显高于其他两种渠道。这可能因为污染物排放在空间上存在扩散效应（Cheng，2016；Wang et al.，2017）。从表 2-4 和表 2-5 中还可以看出，二氧化硫和烟尘空间滞后项的 ρ 值高于废水空间滞后项的 ρ 值，这可能是因为大气污染比废水污染扩散得更远。

三种网络渠道对溢出效应的影响方式不同。在产业集聚对污染物排放强度的溢出效应方面，本书发现，表 2-3 中 $W_{weibo} \times \ln VA$ 的系数与废水排放强度和二氧化硫排放强度显著负相关，$W_{weibo} \times \ln Firms$ 的系数与二氧化硫排放强度和烟尘排放强度显著负相关。表 2-4 是引入经济网络的结果，产业集聚对周边地区污染物排放强度的影响几乎不显著，而表 2-5 中 $W_{dist} \times \ln Firms$ 的系数显示二氧化硫排放强度和烟尘排放强度明显下降。这表明，与社交媒体相关的产业集聚往往会降低本地城市的污染物排放强度，但这种溢出效应难以由经济网络促成。地理位置在产业集聚对污染物排放强度的溢出效应中起着至关重要的作用。

在环境规制对其他城市污染排放的溢出方面，表 2-3 显示，整合了社交媒体网络的 $W_{weibo} \times Regulation$ 和 $W_{weibo} \times Treatrate$ 的系数对污染物排放强度有显著的正向影响，在其他两个溢出渠道中则不显著。这表明，社会网络中其他相关城市的环境规制可能会恶化本地的环境。众所周知，环境规制大多通过社会网络进行转移，尤其是发生在环保理念相似的城市之间。然而，研究结果表明，这种溢出效应会增加社交媒体关联城市的污染物排放量。这表明，更多的污染产业可能会转移到与社交媒体有联系的城市，即地方政府会加强环境规制，以阻止污染企业在其管辖范围内落户（Markusen et al.，1995）。加强环境规制可以改善自身环境，但代价是增加社交媒体相关城市的环境污染。表 2-5 显示，空间矩阵与环境规制的交互作用与废水排放强度显著负相关，这表明邻近城市的法规可能有助于降低本市的废水排放强度，但对二氧化硫排放强度和烟尘排放强度没有影响。

$W_{econ} \times \ln Patent$ 的系数显著为负，表明通过经济网络对其他城市的技术溢出有利于减少污染物排放量，尽管技术投入（$W \times Techinput$）的溢出效应没有显著影响。但 W_{weibo} 和 W_{dist} 与 $\ln Patent$ 的交叉项不显著，这表明社会网络和空间邻近都不会通过技术的扩散降低污染物排放强度。经济网络是清洁技术向其他城市扩散的唯一途径，从而降低这些城市的污染物排放强度。

总之，研究表明，不同变量的溢出渠道各不相同。就产业集聚对污染物排放强度的溢出效应而言，社交媒体网络和空间邻近性是最重要的渠道。产业集聚不仅能降低一个城市的污染物排放强度，还能降低通过社会和空间网络相关联城市的污染物排放强度。环境规制通过社交媒体网络对相关城市的环境产生负面溢出效应。一个城市更严格的环境规制会导致社交媒体关联城市面临更大的环境压力，但社交媒体关联城市更多的污染物排放主要由污染物转移造成。研究还发现，新技术可以大幅降低经济网络中城市的污染物排放强度。

第五节　结论和讨论

降低污染物排放强度日益受到政府和研究人员的关注。已有的研究强调，产业集聚、经济发展、研发、环境规制和地方经济结构对污染物排放有显著的影响。然而，人们较少关注不同的溢出渠道如何影响污染物减排。因此，本书旨在通过整合社会网络、经济网络和空间网络，确定产业集聚、环境规制和技术投入对污染物排放强度的影响，以及与这些因素相关的溢出渠道。本书采用空间计量分析法和网络分析法研究了城市污染物排放强度的影响因素及其溢出效应。这些发现凸显了影响污染物排放强度的网络联系和溢出渠道。

从空间上，不同类型污染物排放的空间分布和强度分布存在差异。

本章使用 SDM 模型研究了产业集聚、环境规制和技术投入如何影响污染物减排和溢出渠道。结果表明，产业集聚、环境规制和技术投入促进了污染物排放强度的降低。这些结果可归因于污染处理的规模效应、污染处理设施的共享及政府对更多集聚区域的集中管理。

通过引入社交媒体网络、经济网络和空间网络，本章发现产业集聚、环境规制和技术投入通过不同渠道对污染物排放强度产生溢出效应。污染物排放强度对周边地区有显著的正溢出效应，一个城市的工业集聚也会提高周边地区的污染物排放强度。本章还发现，环境规制和技术投入可通过社会和经济溢出渠道对网络内相关城市的污染物排放强度产生影响。社会网络中一个城市的环境规制可能会提高其他城市的污染物排放强度。新技术可能会降低经济网络中其他城市的污染物排放强度。研究结果还证实，外国直接投资、产业结构和能源强度会对污染物排放强度产生显著影响。

本章的研究结果具有两方面的启示：一方面，城市应努力促进产业集聚，改进环境规制并推广绿色技术，降低污染物排放强度。另一方面，地方政府应加强产业集群或工业园区建设，以降低污染控制成本。本书提供的证据表明，污染物排放强度受到社会网络、经济网络和空间网络中其他相关城市溢出效应的影响。在考虑污染减排措施时应考虑网络溢出效应，因为污染物排放强度及其影响因素不仅通过空间网络传递，还通过社会网络和经济网络进行传递。研究结果还表明，环境规制通过社会网络的外溢效应，一个城市的发展可能会以邻近地区的环境恶化为代价。由于一个城市的技术可以通过经济网络外溢到其他城市，因此加强与技术中心的经济联系是减少污染物排放的有效途径。因此，减少污染物排放应被视为一个系统过程，不应只由单个地方负责，而不考虑通过各类网络联系起来的其他城市。上级政府应协调存在较强网络联系的城市环境治理工作。

本书利用社交媒体大数据，将社会网络和经济网络整合到现有的计量经济学模型中，为可持续发展研究提供了一个新视角。然而，不同渠道影响污染物减排的机制还需要进一步探索。此外，本章尚未充分考虑不同空间尺度的关联如何影响污染减排。无论是在城市层面、地区层面还是国家层面都可能会产生污染现象，污染程度受各级政府政策的影响也存在差异。此外，不同尺度的社会网络和经济网络也可能不同，因此本章的研究结果是否适用于不同的尺度还需要进一步探讨。

参考文献

［1］Andersson M, Lööf H. Agglomeration and productivity：Evidence from firm-level data［J］. *The Annals of Regional Science*, 2011, 46（3）：601-620.

［2］Arrow K, Bolin B C R, Folke C, et al. Economic growth, carrying capacity and the environment；Trade, the pollution haven hypothesis and environmental kuznets curve：Examining the linkages［J］. *Science Ecological Economics*, 1995（15）：91-95.

［3］Audretsch D B, Feldman M P. R&D spillovers and the geography of innovation and production［J］. *The American Economic Review*, 1996, 86（3）：630-640.

［4］Audretsch D, Feldman M. Knowledge spillovers and the geography of innovation［J］. *Handbook of Regional and Ubran Economics*, 2004（4）：2713-2739.

［5］Baptista R. Do innovations diffuse faster within geographical clusters?［J］. *International Journal of Industrial Organization*, 2000（3）：515-535.

［6］Barrios S, Bertinelli L, Strobl E. Coagglomeration and spillovers［J］. *Regional Science and Urban Economics*, 2006, 36（4）：467-481.

［7］Beer C, Riedl A. Modelling spatial externalities in panel data：The spatial durbin model revisited［J］. *Papers in Regional Science*, 2012, 91（2）：299-318.

［8］Berliant M, Peng S, Wang P. Taxing pollution：Agglomeration and welfare consequences［J］. *Economic Theory*, 2014, 55（3）：665-704.

［9］Chang Y, Ries R J, Wang Y. The embodied energy and environmental emissions of construction projects in China：An economic input-output lca model［J］. *Energy Policy*, 2010, 38（11）：6597-6603.

[10] Chen X, Shao S, Tian Z, et al. Impacts of air pollution and its spatial spillover effect on public health based on China's big data sample [J]. *Journal of Cleaner Production*, 2017 (142): 915-925.

[11] Cheng J, Dai S, Ye X. Spatiotemporal heterogeneity of industrial pollution in China [J]. *China Economic Review*, 2016 (40): 179-191.

[12] Cheng Z, Li L, Liu J. Identifying the spatial effects and driving factors of urban PM2.5 pollution in China [J]. *Ecological Indicators*, 2017 (82): 61-75.

[13] Cheng Z. The spatial correlation and interaction between manufacturing agglomeration and environmental pollution [J]. *Ecological Indicators*, 2016 (61): 1024-1032.

[14] Chong Z, Qin C, Ye X. Environmental regulation and industrial structure change in China: Integrating spatial and social network analysis [J]. *Sustainability*, 2017, 9 (8): 1465.

[15] Chong Z, Qin C, Ye X. Environmental regulation, economic network and sustainable growth of urban agglomerations in China [J]. *Sustainability*, 2016 (8): 467.

[16] Ciccone A. Agglomeration effects in Europe [J]. *European Economic Review*, 2002, 46 (2): 213-227.

[17] Cole M A, Elliott R J R, Okubo T. Trade, Environmental regulations and industrial mobility: An industry – level study of Japan [J]. *Ecological Economics*, 2010, 69 (10): 1995-2002.

[18] Cole M A. Trade, the pollution haven hypothesis and environmental kuznets curve: Examining the linkages [J]. *Ecological Economics*, 2004 (48): 71-81.

[19] Costantini V, Mazzanti M, Montini A. Environmental performance, innovation and spillovers [J]. Evidence from a regional namea [J]. *Ecological Economics*, 2013 (89): 101-114.

[20] Dong B, Gong J, Zhao X. FDI and environmental regulation: Pollution haven

or a race to the top? [J]. *Journal of Regulatory Economics*, 2012, 41 (2): 216-237.

[21] Elhorst J P, Fréret S. Evidence of political yardstick competition in france using a two-regime spatial durbin model with fixed effects [J]. *Journal of Regional Science*, 2009, 49 (5): 931-951.

[22] Eskeland G S, Harrison A E. Moving to greener pastures? Multinationals and the pollution haven hypothesis [J]. *Journal of Development Economics*, 2003, 70 (1): 1-23.

[23] Fujita M, Thisse J F. Economics of agglomeration [M]. Cambridge: Cambridge University Press, 2002.

[24] Gao Q, Abel F, Houben G, et al. A comparative study of users' microblogging behavior on sina weibo and twitter [J]. *Lecture Notes in Computer Science*, 2012 (7379): 88-101.

[25] Greenstone M. The impacts of environmental regulations on industrial activity: Evidence from the 1970 and 1977 clean air act amendments and the census of manufactures [J]. *Journal of Political Economy*, 2002, 110 (6): 1175-1219.

[26] Grossman G M, Krueger A B. Environmental impacts of a north American free trade agreement [R]. *NEBR Working Paper*, 1991.

[27] Gu B, Ju X, Wu Y, et al. Cleaning up nitrogen pollution may reduce future carbon sinks [J]. *Global Environmental Change*, 2018 (10): 56-66.

[28] He C, Huang Z, Ye X. Spatial heterogeneity of economic development and industrial pollution in urban China [J]. *Stochastic Environmental Research and Risk Assessment*, 2014, 28 (4): 767-781.

[29] Hilty L M, Arnfalk P, Erdmann L, et al. The relevance of information and communication technologies for environmental sustainability-A prospective simulation study [J]. *Environmental Modelling & Software*, 2006, 21 (11): 1618-1629.

[30] Horbach J, Rammer C, Rennings K. Determinants of eco-innovations by type of environmental impact: The role of regulatory push/pull, technology push and

market pull [J]. *Ecological Economics*, 2012 (78): 112-122.

[31] Hosoe M, Naito T. Trans - boundary pollution transmission and regional agglomeration effects [J]. *Papers in Regional Science*, 2006, 85 (1): 99-119.

[32] Jaffe A B, Trajtenberg M, Henderson R. Geographic localization of knowledge spillovers as evidenced by patent citations [J]. *The Quarterly Journal of Economics*, 1993, 108 (3): 577-598.

[33] Jahiel A. The contradictory impact of reform on environmental protection in china [J]. *China Quarterly*, 1997 (149): 81-103.

[34] Kay S, Zhao B, Sui D. Can social media clear the air? A case study of the air pollution problem in Chinese cities [J]. *The Professional Geographer*, 2014, 67 (3): 351-363.

[35] Krugman P R. Increasing returns and economic geography [J]. *The Journal of Political Economy*, 1991, 99 (3): 483-499.

[36] Kyriakopoulou E, Xepapadeas A. Environmental policy, first nature advantage and the emergence of economic clusters [J]. *Regional Science and Urban Economics*, 2013, 43 (1): 101-116.

[37] Lange A, Quaas M F. Economic geography and the effect of environmental pollution on agglomeration [J]. *Journal of Economic Analysis and Policy*, 2007, 7 (1): 1-31.

[38] Lee S, Oh D. Economic growth and the environment in China: Empirical evidence using prefecture level data [J]. *China Economic Review*, 2015 (36): 73-85.

[39] Li Q, Wei W, Xiong N, et al. Social media research, human behavior, and sustainable society [J]. *Sustainability*, 2017, 9 (3): 384.

[40] Lin J, Yu Z, Wei Y D, et al. Internet access, spillover and regional development in China [J]. *Sustainability*, 2017, 9 (6): 946.

[41] Mani M, Wheeler D. In search of pollution havens? Dirty industry in the

world economy, 1960 – 1995 [J]. *Journal of Environment & Development*, 1998, 7 (3): 215-247.

[42] Markusen J R, Morey E R, Olewiler N. Competition in regional environmental policies when plant locations are endogenous [J]. *Journal of Public Economics*, 1995, 56 (1): 55-77.

[43] Melville N P. Information systems innovation for environmental sustainability [J]. *MIS Quarterly*, 2010, 34 (1): 1-21.

[44] Peng S, Yu S, Mueller P. Social networking big data: Opportunities, solutions and challenges [J]. *Future Generation Computer Systems*, 2018 (86): 1456-1458.

[45] Rosenthal S S, Strange W C. Geography, industrial organization and agglomeration [J]. *Review of Economics and Statistics*, 2003, 85 (2): 377-393.

[46] Shen J, Wei Y D, Yang Z. The impact of environmental regulations on the location of pollution-intensive industries in China [J]. *Journal of Cleaner Production*, 2017 (148): 785-794.

[47] Smil V. China's energy and resource uses: Continuity and change [J]. *China Quarterly*, 1998 (156): 935-951.

[48] Smil V. China's environment and security: Simple myths and complex realities [J]. *SAIS Review*, 1997, 17 (1): 107.

[49] Ter Wai A L J, Boschma R A. Applying social network analysis in economic geography: Framing some key analytic issues [J]. *The Annals of Regional Science*, 2009, 43 (3): 739-756.

[50] Triebswetter U, Hitchens D. The impact of environmental regulation on competitiveness in the german manufacturing industry—A comparison with other countries of the european union [J]. *Journal of Cleaner Production*, 2005, 13 (7): 733-745.

[51] Tsoutsos T, Frantzeskaki N, Gekas V. Environmental impacts from the solar energy technologies [J]. *Energy Policy*, 2005, 33 (3): 289-296.

［52］van Rooij B, Lo C W. Fragile convergence: Understanding variation in the enforcement of China's industrial pollution law ［J］. *Law and Policy*, 2010 (32): 14–37.

［53］Verhoef E T, Nijkamp P. Externalities in urban sustainability: Environmental versus localization–type agglomeration externalities in a general spatial equilibrium model of a single–sector monocentric industrial city ［J］. *Ecological Economics*, 2002, 40 (2): 157–179.

［54］Wagner U J, Timmins C D. Agglomeration effects in foreign direct investment and the pollution haven hypothesis ［J］. *Environmental & Resource Economics*, 2009, 43 (2): 231–256.

［55］Wang C, Du X, Liu Y. Measuring spatial spillover effects of industrial emissions: A method and case study in anhui province, China ［J］. *Journal of Cleaner Production*, 2017 (141): 1240–1248.

［56］Wang Y, Kang L, Wu X, et al. Estimating the environmental kuznets curve for ecological footprint at the global level: A spatial econometric approach ［J］. *Ecological Indicators*, 2013, 34 (6): 15–21.

［57］Wu J, Wei Y D, Chen W, et al. Environmental regulations and redistribution of polluting industries in transitional China: Understanding regional and industrial differences ［J］. *Journal of Cleaner Production*, 2019 (206): 142–155.

［58］Wu J, Wei Y, Li Q, et al. Economic transition and changing location of manufacturing industry in China: A study of the yangtze river delta ［J］. *Sustainability*, 2018, 10 (8): 2624.

［59］Yang C, et al. Exploring human mobility patterns using geo–tagged social media data at the group level ［J］. *Journal of Spatial Science*, 2019, 64 (2): 221–238.

［60］Yang X, He C. Do polluting plants locate in the borders of jurisdictions? Evidence from China ［J］. *Habitat International*, 2015 (50): 140–148.

［61］Ye X, Liu X. Introduction: Cities as Social and Spatial Networks ［M］.

Berlin：Springer，2018.

［62］Zeng D Z，Zhao L. Pollution havens and industrial agglomeration ［J］. *Journal of Environmental Economics and Management*，2009（58）：141-153.

［63］Zhao C，Wu Y，Ye X，et al. The direct and indirect drag effects of land and energy on urban economic growth in the yangtze river delta，China ［J］. *Environment，Development and Sustainability*，2018（6）：2945-2962.

［64］Zhen F，Qin X，Ye X，et al. Analyzing urban development patterns based on the flow analysis method ［J］. *Cities*，2018（86）：178-197.

［65］Zheng D，Shi M. Multiple environmental policies and pollution haven hypothesis：Evidence from China's polluting industries ［J］. *Journal of Cleaner Production*，2017（141）：295-304.

［66］Zhou Y，Zhu S，He C. How do environmental regulations affect industrial dynamics? Evidence from China's pollution-intensive industries ［J］. *Habitat International*，2017（60）：10-18.

［67］Zhu S，He C. Global and local governance，industrial and geographical dynamics：A tale of two clusters ［J］. *Environment and Planning C：Government and Policy*，2016，34（8）：1453-1473.

［68］陆铭，冯皓. 集聚与减排：城市规模差距影响工业污染强度的经验研究 ［J］. 世界经济，2014（7）：86-114.

［69］王俊松，颜燕，胡曙虹. 中国城市技术创新能力的空间特征及影响因素——基于空间面板数据模型的研究 ［J］. 地理科学，2017（1）：11-18.

第三章　开发区集聚、"水十条"
政策与水质改善

——基于双重差分的准自然实验研究

第一节　引言

开发区是区域产业发展的重要引擎和产业集聚的主要载体。然而，已有研究对开发区的集聚效应仍存在争议（Zhang，2011）。开发区对环境的负面影响也饱受诟病（Fan et al.，2017；Zhang et al.，2018）。尽管中央和地方政府多次出台环保法规和政策，但受限于测度方法，鲜有面向环保政策效应的定量研究（Millimet and Roy，2016）。已有研究从多角度分析产业集聚对环境的影响，但尚未得到一致的结论。一些研究认为，产业集聚通过集中排放污水和有害气体导致环境恶化（Cheng，2016；de Frutos and Martín-Herrán，2017；张姗姗等，2018）。也有研究认为，产业集聚有利于环境的改善，主要原因在于：①产业集聚可以促使绿色技术在企业间发生外溢，从而降低污染（Dong et al.，2012；胡志强等，2019）；②污染物的集中处理存在规模效应，有利于降低治理成本（Van Rooij and Lo，2010；Zeng and Zhao，2009）；③产业集聚区域内的产业前后向联系有利于循环生产从而降低污染（Wang et al., 2019）。上述研究虽然深化了产业集聚的环境效应，但仍存在不足：首先，现有研究主要采用省级、区域或行业层面的数据，忽视地方层面的异质性，难以得到准确的结果。其次，现有的研究忽视内生性缺陷，基于地区单元的线性回归模型可能存在遗漏变量问题，造成估计偏误。再次，针对环境政策有效性的定量研究较少，已有的研究较少使用定量方法探讨集聚区的环境政策效应。最后，多数研究都是以废弃物的排放量，而不是以水体或空气的污染程度来衡量污染程度。由于不同地区污染处理的基础设施和处理程度不同，污染排放量并不能简单地等同于污染程度，更合理的方式是用水体或空气质量来代表污染程度。

开发区是较合理的环境研究的微观单元。2015 年，我国发布的"水十条"要求，在 2017 年底前所有开发区都要按规定建设污水集中处理设施，并安装自动在线监控装置。本书将开发区作为产业集聚的一种具体实践形式，匹配水质监测点与开发区的地理信息，采用双重差分模型揭示开发区产业集聚影响环境污染的微观机理。本章主要探讨三个方面的问题。第一，开发区如何影响周边地区的水质？第二，与其他地区相比，"水十条"政策能否有效改善产业集聚区的水质？第三，"水十条"的环境效应是否存在区域异质性，不同污染水平的产业聚集区受到政策的影响效应是否存在差异？

第二节　文献综述

一、产业集聚和环境污染

产业集聚的环境效应是区域科学领域的重要议题。新经济地理模型认为，规模收益递增和交通成本共同作用导致空间集聚（Krugman，1991），向心力和离心力共同作用形成城市系统（Fujita et al.，1999）。多样性偏好、本地市场效应、规模效应是集聚力，而拥挤效应、生活成本增加和污染是离心力。集聚可能导致更严重的污染排放（Verhoef and Nijkamp，2002；Mao and He，2017）。如果减排政策是针对地区层面的，则可能会引起"污染避难所"假说提出的污染产业向欠发达地区转移的局面（Copeland and Taylor，2004；周沂等，2014；Shen et al.，2017）。

当污染减排政策的目标是加强全局性的环境监管，如建立排污费征收制度或环境标准等，集聚可能有助于减少污染物排放。集聚效应中的共享、匹配、学习三大机制均可以在环境治理中发挥作用：①在共享机制方面，潜在污染者的空间集聚可以共享污染集中处理设施，促进污染物排放的集中控制或处理（陆铭和冯皓，2014）。②集聚可以促进企业间的相互学习，促进技术升级。知识、技术和人才频繁地在集聚区流动可以促进绿色技术的传播和升级（Jaffe et al.，1993；Audretsch and Feldman，2004），集聚区的企业有更多的机会采用清洁技术（Dong et al.，2012）。③在匹配机制方面，集聚区内污染企业便于匹配到产业链上合作企业，有利于循环生产。总之，污染处理设施的固定成本、污染处理技术和监管成本等都具有规模经济性，意味着单位污染处理成本在集聚地区更低。

二、环境政策与污染治理

集聚并不会使污染减少。在不规范的市场力量下，企业没有动力采用清洁技术或进行污染减排（Requate，2005）。适当的环境政策是推动这种转变的必要条件（Kemp and Soete，1990；Jaffe et al.，2002）。环境政策手段可分为市场化的方法和管制方法（Jaffe et al.，2002；Requate，2005），前者包括通过征收污染排放费或补贴的形式鼓励企业控制污染排放，后者往往通过制定统一的标准迫使企业承担污染控制责任来减少污染。一些研究认为，基于市场的政策手段对于清洁技术的发明、创新和推广更有效（Jaffe et al.，2002；Requate，2005），但 Popp（2003）分析了美国《清洁空气法》的执行效果，认为管控式政策推动了技术传播，对终端的污染治理更有效。高效的环境政策可以鼓励地区转向清洁生产，促进经济结构转型，升级已有的处理设施以满足新的环境标准（Jorgenson and Wilcoxen，1990），环境政策还能推动技术扩散，使更多的企业引进先进技术，从而降低污染减排的边际成本（Jaffe et al.，2002）。

当前，我国政府逐渐转变增长方式，将环境保护置于更重要的地位（Zhou et al.，2017；于博等，2019）。众多的政策性文件纷纷出台，其中"水十条"是最受关注的政策之一。"水十条"提出以改善水环境质量为核心，系统推进水污染防治和水生态保护的目标。要求在经济技术开发区、高新技术产业开发区、出口加工区等工业集聚区实施集中治理，在2017年底前各开发区需要按规定建设污水集中处理设施并安装自动在线监测装置，开发区的工业废水必须经过预处理达到集中处理要求后方可进入污水处理设施。未达标的开发区，将被取消开发区资质。2018年中华人民共和国生态环境部公布，截至2017年底，93%的省级和国家级开发区已建成污水处理设施。我国对污水的环保政策越来越严格，刺激了污水处理设施的扩散和清洁技术的采用。预计将对周边开发区的水体水质产生积极影响。

此外，少数研究探讨了集聚、政策、污染减排与开发区之间的关系。王兵和聂欣（2016）对2006年的河流水质与省级开发区进行了匹配，发现开发区导致了周边水质恶化。胡求光和周宇飞（2020）探讨了开发区产业集聚的环境效应，发现国家级经济开发区的设立有利于改善地区环境绩效，但他们尚未考虑政策对环境的影响。Zhu等（2014）对开发区企业如何应对环境规制进行了案例研究。Hu等（2019）探讨了中国国家工业园区污水集中处理厂的发展，指出92%的污水处理厂已达标排放。这些研究推进了对产业园区和污染减排的认识。然而，已有的对环境政策的研究多是定性研究，由于环境政策难以衡量，关于环境政策影响效应的定量研究非常缺乏（Kemp and Pontoglio，2011）。

我国"水十条"政策的发布以及中国环境监测总站对监测点水质的连续监测信息，为实证探讨环保政策是否能有效降低污染以及如何有效降低污染提供了理想的条件。本书将开发区与主要河流水系监测点位进行耦合，定量探讨集聚区是否能通过集中式的环境规制减少污染排放（见图3-1）。本书认为，尽管产业的集聚分布可能会恶化周边水质，但也为集中式的环境治理提供了理想条件，针对性的环境政策可以在集聚区发挥作用从而有效地降低污染。

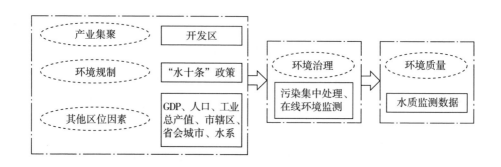

图3-1　研究思路

第三节　研究方法和数据来源

本书的研究目的是确定集聚区对环境的影响以及"水十条"政策对污染减排的影响。现有的研究大多采用多元线性回归来探讨这种效应。但是，它们无法摆脱遗漏变量偏误或时间趋势扰动等内生性问题。基于双重差分（Difference in Difference，DID）的准自然实验方法可以有效解决内生性问题。首先，将开发区的地理信息与水质监测点的地理信息匹配，根据开发区与河流水质监测点之间的距离，确定实验组和控制组，实验组由靠近开发区的水质监测点组成，控制组由远离开发区的监测点组成。因此，可以认为实验组的水质监测点为接近集聚区的监测点，控制组的监测点为非集聚区的监测点。其次，以处理组监测点位的监测值变化为基数，对实验组的趋势进行估计，从而摆脱短期趋势和缺失值的干扰，避免普通模型中常见的内生性问题。

水质监测点位名称来源于中国环境监测总站网站。自 2014 年以来，该网站每周提供 145 个监测点位的水质监测数据。有关监测点位的地理信息包括监测点位所在省份、城市、河流名称，经纬度信息来源于百度地图。国家级和省级开发区地理信息见《中国开发区审核公告目录（2018 年版）》；国家级开发区有 552 个，省级开发区有 1991 个。其中，大部分开发区是 2010 年以前设立的。首先，通过官方网站及网络地图获取各开发区管理委员会的地址。其次，利用地理信息系统获取各开发区的经纬度坐标。最后，计算监测点与最近的开发区之间的直线距离。同时考虑河道流向对监测点的影响，取 10 千米范围内且位于开发区下游的监测点为实验组，共有 33 个监测点入选实验组，其他监测点作为控制组。以 10 千米距离为区分实验组和控制组的原因在于，中国开发区的平均面积为 28 平方千米，其直径在 5~6 千米，因此本书认为 10 千米距离是影响水质的合理距离①（见图 3-2）。

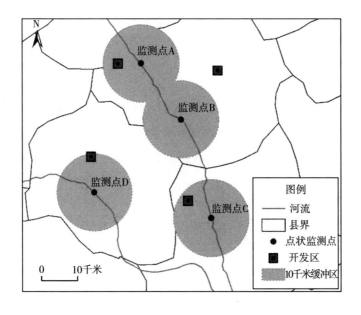

图 3-2　水质监测点与开发区的空间关系

---

① 根据 2012 年《中国开发区年鉴》开发区数据计算。

双重差分方法的一个重要前提是实验样本与政策独立。本书的研究情况满足了这个前提，虽然开发区是由政府设立的，但附近有无水质监测点并不影响是否在附近设立开发区的决定，因此二者是独立的。

以下主要探讨两个问题：开发区附近的河流监测点是否比其他的监测点污染程度高？相对于其他非集聚区，2015~2017 年要求开发区配备污水集中处理系统的"水十条"政策是否有效降低了开发区附近的水污染？模型设定如下：

$$y_{it} = \alpha_0 + \delta DZ_i \times Policy_t + \alpha_1 DZ_i + \alpha_2 Policy_t + \beta X_{ct} + \gamma_c + \varepsilon_i \tag{3-1}$$

其中，y_{it} 为监测点 i 的水质值，DZ_i 是虚拟变量，表示监测点 i 上游附近是否有开发区。如前所述，将距离边界设定为 10 千米，即如果监测点上游 10 千米以内有开发区，则 DZ_i 为 1，否则为 0。$Policy_t$ 为虚拟变量，表示在时间 t 内是否实施了"水十条"，由于"水十条"的实施时间为 2015~2017 年，因此本书删除了 2015~2017 年的水质数据，以估计政策的效果。t 为时间，监测数据每周公布一次，并采用 2014 年、2015 年、2018 年每十周的平均水质数据作为样本引入模型。X_{ct} 为控制变量，借鉴已有的研究（马丽等，2016；Wang et al.，2019），控制变量包括监测点所属的县级行政区的 GDP、人口（$Population$）、工业产值（$IndustryValue$）、是否属于市区（$Urban$）、是否属于省会城市（$Capital$）、水系虚拟变量（$riv1-riv13$）。α、β 为系数变量，ε_i 为误差项。γ_c 表示地区固定效应，以控制不随时间变化的因素。本书感兴趣的是系数 α 和 δ，即开发区和政策对水质的平均影响。GDP、人口和工业产值数据来源于各省份的统计年鉴。

$$DZ_i = \begin{cases} 1 & \text{如果 } i \text{ 监测点上游 10 千米内有开发区} \\ 0 & \text{如果 } i \text{ 监测点上游 10 千米内没有开发区} \end{cases}$$

$$Policy_t = \begin{cases} 1 & \text{"水十条"政策实施以后} \\ 0 & \text{"水十条"政策实施以前} \end{cases}$$

第四节　中国开发区和水质监测点的基本情况

　　我国自 20 世纪 80 年代开始建设开发区，但 1992 年以前建成的开发区相对较少，1992 年开发区建设加速，一年内建立的开发区超过 100 个（见图 3-3）。2006 年又出现一个省级开发区建设的高峰，一年内设立了 600 多个开发区。被称为"开发区热"（Wei，2015；Zhang et al.，2018）。2010~2013 年，国家级和省级开发区建设速度保持较高水平，但 2014 年以来有所放缓。2018 年全国共有 592 个国家级开发区，1991 个省级开发区[①]。当前我国开发区主要分布在南部地区和东部地区，与人口分布情况基本一致。一些国家级和省级开发区是由低一级的开发区升级而成。

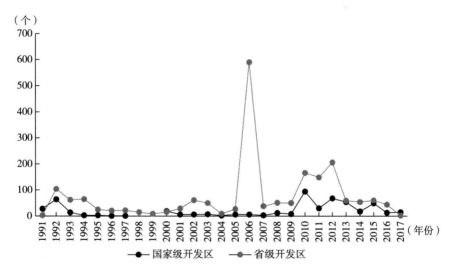

图 3-3　1991~2017 年新设立的国家级开发区和省级开发区数量

资料来源：《中国开发区审核公告目录》（2018 年版）。

---

① 资料来源：《中国开发区审核公告目录》（2018 年版）。

监测点的水质数据来自中国环境监测总站。共有 145 个监测点位分布在 29 个省份、101 个地级市的 15 个河道水系中（见表 3-1）。其中，25 个监测点的上游 10 千米范围内有一个或多个开发区，分布在 13 个省份的 12 个河道水系。CNEMC 根据污染程度将污染等级划分为从 1～6 级，值越高，污染越严重。2014 年、2015 年、2018 年监测点的平均水质指数分别为 2.79、2.81、2.90。2018 年，水质最好的河流为西南河水系、长江水系、珠江水系，监测到的平均水质指数分别为 2.04、2.04、2.13。水质最差的水系是云南省的滇湖水系，平均水质为 4.75（见表 3-2）。

表 3-1 上游有开发区的水质监测点位

监测点	所属流域	监测点	所属流域
合肥湖滨	巢湖流域	白山绿江村	辽河流域
昆明西苑隧道	滇池流域	集安上活龙	辽河流域
天津三岔口	海河流域	岳阳岳阳楼	其他大型湖泊
海口铁桥村	海南岛内河流	佳木斯江心岛	松花江流域
蚌埠闸	淮河流域	同江	松花江流域
阜阳张大桥	淮河流域	伊春嘉荫	松花江流域
徐州李集桥	淮河流域	宜兴兰山嘴	太湖流域
枣庄台儿庄大桥	淮河流域	安庆皖河口	长江流域
周口鹿邑付桥闸	淮河流域	武汉宗关	长江流域
驻马店班台	淮河流域	岳阳城陵矶	长江流域
济南泺口	黄河流域	长沙新港	长江流域
乌海海勃湾	黄河流域	福州白岩潭	浙闽河流

资料来源：监测点数据来源于中国环境监测总站，经 ArcGIS 计算。

表 3-2　2018 年主要河道主要水系平均水质指数

水系名称	平均水质指数
滇池流域	4.75
松花江流域	3.27
巢湖流域	3.13
淮河流域	3.06
黄河流域	2.81
太湖流域	2.81
辽河流域	2.51
海河流域	2.36
浙闽河流	2.25
海南岛内河流	2.25
珠江流域	2.13
长江流域	2.04
西南诸河	2.04

注：水质指数范围为 1~6，数值越高表示污染越严重。

为比较集聚区和非集聚区监测点的平均水质及变化情况，本书计算了不同时期实验组和控制组监测点水质观测值的均值（见图 3-4），其中实验组为接近集聚区的观测点，控制组为远离集聚区的观测点。可以发现，在"水十条"政策实施前，实验组的水质污染程度明显比控制组高，接近集聚区且在集聚区下游的监测点水质差于远离集聚区监测点的水质，但在"水十条"政策实施以后，即开发区按要求完成污水集中处理设施安装以后，接近集聚区的水质污染程度出现明显改善，逐渐与非集聚区观测点的水质接近。这在一定程度上说明，相对于非集聚区，"水十条"政策改善了集聚区的水污染情况。

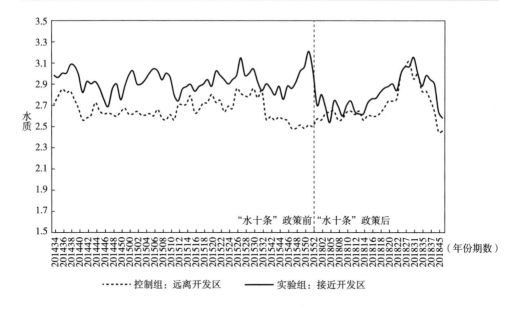

图 3-4 处理组和控制组的水质观测均值变化情况

第五节 实证结果

一、开发区和环境政策对水质的影响

基于双重差分的准自然实验的估计结果如表 3-3 所示。第 1 至第 3 列估计了开发区对周边水质的影响，第 4 至第 6 列估计了"水十条"政策对水质的影响。其中，第 1 列和第 4 列不包括控制变量，其他各列分别引入经济属性和其他控制变量。

表 3-3 DID 模型的估计结果

变量	(1)	(2)	(3)	(4)	(5)	(6)
DZ×Policy				−0.164** (0.033)	−0.164** (0.028)	−0.169** (0.023)
DZ	0.224*** (0.000)	0.107** (0.036)	0.119** (0.020)	0.295*** (0.000)	0.178*** (0.006)	0.192*** (0.003)
Policy	−0.092* (0.075)	−0.101** (0.022)	−0.085* (0.055)	−0.036 (0.568)	−0.046 (0.401)	−0.028 (0.605)
lnGDP			−0.033* (0.066)			−0.032* (0.075)
lnPopulation			0.207*** (0.000)			0.209*** (0.000)
lnIndustry Value			−0.045 (0.120)			−0.047 (0.108)
Urban		−0.092 (0.103)	−0.095* (0.090)		−0.092 (0.103)	−0.095* (0.091)
Capital		0.090 (0.227)	0.022 (0.794)		0.091 (0.226)	0.022 (0.798)
River System Dummy		Included (0.000)	Included (0.000)		Included (0.000)	Included (0.000)
Constant	2.717*** (0.000)	2.922*** (0.000)	3.083*** (0.000)	2.693*** (0.000)	2.897*** (0.000)	3.058*** (0.000)
Observations	1994	1994	1994	1994	1994	1994
R-squared	0.110	0.394	0.402	0.111	0.395	0.404

注: *** 表示 $p<0.01$, ** 表示 $p<0.05$, * 表示 $p<0.1$。

可以发现,开发区的存在加剧了附近的水质污染;如果水质监测点附近有开发区,将导致水质恶化 0.1~0.2,这与之前的研究认为集聚带来更多的污染是一致的(Verhoef and Nijkamp, 2002;王兵和聂欣, 2016)。在 10% 的水平上,交互项 $DZ×Policy$ 的系数在后三列中均显著为负,表明"水十条"政策有效降低了开发区的水质污染。相比其他地区,该政策使开发区附近的水污染水平下降了约

0.16，表明产业的集聚有利于环境政策的有效实施。

其他变量的系数符合预期。监测点所在区县 GDP 上升有利于降低水污染水平，而人口的增加将导致水质恶化。与其他监测点相比，城市地区的监测点水质更好，这可能由于城区有完善的污水处理设施，工业污染较非城市地区少。

二、环境政策对开发区水质影响的调节作用

什么样的开发区会受到"水十条"的影响？高污染产业的开发区是否更有可能因"水十条"计划而获得水质改善？进一步地，在模型中引入开发区、环保政策和污染行业产值的交互项探讨这个问题。由于难以获得开发区尺度的高污染行业数据，使用监测点所在区县的高污染行业数据代替，通过监测点位置与最新的中国工业企业数据库进行匹配，得到监测点所在区县的高污染行业数据。本书使用 2013 年数据库中的工业产值数据，由于研究期间产业区位的变化有限，所以 2013 年的污染行业位置可以大致反映污染行业的实际分布。借鉴王兵和聂欣（2016）的研究，将高污染行业设定为：食品制造业，饮料制造业，纺织业，皮革、毛皮、羽毛及相关制品制造业，造纸及纸制品制造业，石油加工炼焦及核燃料加工业，化学原料及化学制品制造业，医药制造业。

汇总区县的高污染产业的企业数据，得到污染工业总产值（*Polluting Value*）。将开发区、环境政策和 *Polluting Value* 变量的交互项引入前面的模型中，结果如表 3-4 所示。回归结果中交互项系数均显著为负，表明相对于普通的开发区，"水十条"计划对污染相对较重的开发区的水质改善效率更高。结果符合预期，即高污染产业聚集区在"水十条"政策下可以得到更有效的治理。

表 3-4　高污染行业的影响

变量	（1）	（2）	（3）
DZ×Policy×Polluting Value	−0.014[*] （0.077）	−0.017[***] （0.008）	−0.017[***] （0.009）

续表

变量	(1)	(2)	(3)
DZ	0.333***	0.181***	0.187***
	(0.000)	(0.002)	(0.001)
Policy	−0.056	−0.054	−0.041
	(0.312)	(0.257)	(0.394)
PollutingValue	0.017***	0.004	0.000
	(0.000)	(0.487)	(0.975)
ln*GDP*			−0.028
			(0.121)
ln*Populaiton*			0.212***
			(0.000)
ln*IndustryValue*			−0.044
			(0.129)
Urban		−0.076	−0.129
		(0.424)	(0.178)
Capital		0.073	0.006
		(0.355)	(0.944)
Constant	2.502***	2.856***	2.933***
	(0.000)	(0.000)	(0.000)
River system dummy	Included	Included	Included
Observations	1994	1994	1994
R-squared	0.020	0.296	0.305

注：＊＊＊表示 p<0.01，＊＊表示 p<0.05，＊表示 p<0.1。

三、稳健性检验

考虑到样本可能会受到极端值的样本影响，为检验结果的稳健性，本书删除了污染最严重的水系样本的记录，结果见表3-5的第1列，交叉项系数基本不变。同样地，删除污染最轻的水系样本的记录（第2列）和删除位于直辖市和省会城市的样本记录（第3列）也没有改变。本章还将因变量替换为监测点所在地区的GDP和人口进行安慰剂检验，结果显示开发区与政策的交互项不显著，从而证明了原始估计的稳健性。

表3-5　稳健性检验结果

变量	(1)	(2)	(3)
	删除污染最严重的水系样本	删除污染最轻的水系样本	删除位于直辖市和省会城市的样本
DZ×Policy	−0.173 **	−0.171 **	−0.225 **
	(0.027)	(0.029)	(0.023)
DZ	0.197 ***	0.196 ***	0.255 ***
	(0.003)	(0.003)	(0.000)
Policy	−0.024	−0.026	−0.018
	(0.659)	(0.640)	(0.739)
Urban Characteristics	Included	Included	Included
River System Dummy	Included	Included	Included
Observations	1938	1938	1646
R-squared	0.231	0.300	0.301

注：*** 表示 $p<0.01$，** 表示 $p<0.05$。

总之，实证检验证实了开发区产业集聚区是周边水质恶化的原因之一，同时为通过适当的环境政策进行污染集中治理提供了契机。研究证实了与其他地区相比，环境政策可以更有效地治理产业集聚区的污染。

四、平行趋势检验

进一步区分实验组和对照组样本采用事件分析法进行平行趋势检验，回归模型如下：

$$y_{it} = \alpha_0 + \gamma \sum T^{policy} + \beta X_{ct} + \gamma_c + \varepsilon_i \qquad (3-2)$$

其中，T^{policy} 为相对于实验期的时间段，T 取 -3、-2、-1、1、2 几个时间段，分别表示政策实施前 3、2、1 期及实施后 1、2 期，每期的时间间隔为半年，其他变量与式（3-1）一致。T 的回归系数和标准差如图 3-5 所示。回归结果表明，"水十条"政策实施以前，实验组和对照组的回归系数均接近于 0，且不显著，符合平行趋势假设。政策实施以后，二者均有下降，但实验组的回归系数下降更多，且显著小于 0，对照组的回归系数仍然不显著。这进一步证实了"水十条"政策对开发区水质改善产生了积极作用。

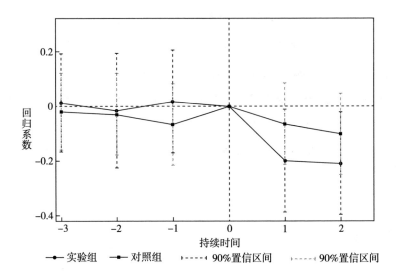

图 3-5　平行趋势检验

第六节　结论与政策启示

本章采用双重差分的准自然实验法，通过匹配水体监测点和开发区的区位，从开发区的视角探讨环境政策对集聚区环境治理的影响及作用机制。研究发现，开发区会增加周边水质污染水平，但相对于非集聚区，我国发布的"水十条"计划可以有效改善开发区的水质，且对高污染产业集聚区的水质改善效果更好。研究结果证明，产业集聚区可以通过集中处理污染排放有效改善周边环境，而环境政策能够有效促进集聚区的环境治理。

本章对国家和区域的环境治理提供了新的启示。地方政府出于经济发展的需要，倾向于将企业吸引到开发区，但开发区也面临严重的环境污染问题。发达地区的地方政府通常倾向于将污染严重的产业转移到欠发达地区，这种做法是转移污染，而不是减少污染。本章的研究结果指出了另一条改善环境的途径。污染物处理对于产业集聚区来说具有规模效应，可以降低污染处理的边际成本，环境政策的实施有助于推动集聚区的环境治理进程。研究结论部分支持了波特假说的观点，即环境监管可以通过企业或组织的创新活动来改善环境。因此，地方政府应该基于自身条件，建设符合地方需求的开发区，制定符合自身特点的环境政策，强化环境政策对产业集聚区环境治理的助推作用，实现经济发展和环境治理的绿色联动。

参考文献

［1］Audretsch D，Feldman M. Knowledge spillovers and the geography of innovation and production［J］. *The American Economic Review*，1996，86（3）：630-640.

［2］Cheng Z. The spatial correlation and interaction between manufacturing ag-

glomeration and environmental pollution [J]. *Ecological Indicators*, 2016 (61):
1024-1032.

[3] Copeland B R, Taylor M S. Trade, growth and the environment [J]. *Journal of Economic Literature*, 2004, 42 (1): 7-71.

[4] De Frutos J, Martín-Herrán G. Spatial effects and strategic behavior in a multiregional transboundary pollution dynamic game [Z]. 2017.

[5] Dong B, Gong J, Zhao X. FDI and environmental regulation: Pollution haven or a race to the top? [J]. *Journal of Regulatory Economics*, 2012, 41 (2): 216-237.

[6] Fan Y, et al. Study on eco-efficiency of industrial parks in China based on data envelopment analysis [J]. *Journal of Environmental Management*, 2017 (192): 107-115.

[7] Frondel M, Horbach J, Rennings K. End-of-pipe or cleaner production? An empirical comparison of environmental innovation decisions across oecd countries [J]. *Business Strategy and the Environment*, 2007, 16 (8): 571-584.

[8] Fujita M, Krugman P, Venables A J. The spatial economy [J]. *Massachusetts: The MIT Press Cambridge*, 1999.

[9] Hu W, et al. Study of the development and performance of centralized wastewater treatment plants in Chinese industrial parks [J]. *Journal of Cleaner Production*, 2019 (214): 939-951.

[10] Jaffe A B, Newell R G, Stavins R N. Environmental policy and technological change [J]. *Environmental and Resource Economics*, 2002, 22 (1-2): 41-70.

[11] Jaffe A B, Trajtenberg M, Henderson R. Geographic localization of knowledge spillovers as evidenced by patent citations [J]. *The Quarterly Journal of Economics*, 1993, 108 (3): 577-598.

[12] Jorgenson D W, Wilcoxen P J. Environmental regulation and U. S. economic growth [J]. *The RAND Journal of Economics*, 1990, 21 (2): 314-340.

［13］ Kemp R, Pontoglio S. The innovation effects of environmental policy instruments——A typical case of the blind men and the elephant? ［J］. *Ecological Economics*, 2011 (72): 28-36.

［14］ Kemp R, Soete L. Inside the "green box": On the economics of technological change and the environment ［Z］. 1990.

［15］ Krugman P R. Increasing returns and economic geography ［J］. *The Journal of Political Economy*, 1991, 99 (3): 483-499.

［16］ Mao X, He C. Export upgrading and environmental performance: Evidence from China ［J］. *Geoforum*, 2017 (86): 150-159.

［17］ Millimet D L, Roy J. Empirical tests of the pollution haven hypothesis when environmental regulation is endogenous ［J］. *Journal of Applied Econometrics*, 2016, 31 (4): 652-677.

［18］ Popp D. Pollution control innovations and the clean air act of 1990 ［J］. *Journal of Policy Analysis and Management*, 2003, 22 (4): 641-660.

［19］ Requate T. Dynamic incentives by environmental policy instruments——A survey ［J］. *Ecological Economics*, 2005, 54 (2-3): 175-195.

［20］ Shen J, Wei Y D, Yang Z. The impact of environmental regulations on the location of pollution-intensive industries in China ［J］. *Journal of Cleaner Production*, 2017 (148): 785-794.

［21］ Van Rooij B, Lo C W H. Fragile convergence: Understanding variation in the enforcement of China's industrial pollution law ［J］. *Law & Policy*, 2010, 32 (1): 14-37.

［22］ Verhoef E T, Nijkamp P. Externalities in urban sustainability: Environmental versus localization-type agglomeration externalities in a general spatial equilibrium model of a single-sector monocentric industrial city ［J］. *Ecological Economics*, 2002, 40 (2): 157-179.

［23］ Wang J, Ye X, Wei Y D. Effects of agglomeration, environmental regulations and technology on pollutant emissions in China: Integrating spatial, social and economic network analyses [J]. *Sustainability*, 2019, 11 (2): 363.

[24] Wei Y D. Zone fever, project fever: Development policy, economic transition and urban expansion in China [J]. *Geographical Review*, 2015, 105 (2): 156-177.

[25] Zeng D Z, Zhao L. Pollution havens and industrial agglomeration [J]. *Journal of Environmental Economics and Management*, 2009 (58): 141-153.

[26] Zhang J. Interjurisdictional competition for fdi: The case of China's "development zone fever" [J]. *Regional Science and Urban Economics*, 2011, 41 (2): 145-159.

[27] Zhang S, et al. Particulate matter pollution in kunshan high-tech zone: Source apportionment with trace elements, plume evolution and its monitoring [J]. *Journal of Environmental Sciences*, 2018 (71): 119-126.

[28] Zhou Y, Zhu S, He C. How do environmental regulations affect industrial dynamics? Evidence from China's pollution-intensive industries [J]. *Habitat International*, 2017 (60): 10-18.

[29] Zhu S, He C, Liu Y. Going green or going away: Environmental regulation, economic geography and firms' strategies in China's pollution-intensive industries [J]. *Geoforum*, 2014 (55): 53-65.

[30] 胡求光, 周宇飞. 开发区产业集聚的环境效应: 加剧污染还是促进治理? [J]. 中国人口·资源与环境, 2020, 30 (10): 64-72.

[31] 胡志强, 苗长虹, 袁丰. 集聚空间组织型式对中国地市尺度工业 SO_2 排放的影响 [J]. 地理学报, 2019, 74 (10): 2045-2061.

[32] 陆铭, 冯皓. 集聚与减排: 城市规模差距影响工业污染强度的经验研究 [J]. 世界经济, 2014 (7): 86-114.

[33] 马丽, 张博, 杨宇. 东北地区产业发展与工业 SO_2 排放的时空耦合效应 [J]. 地理科学, 2016, 36 (9): 1310-1319.

[34] 王兵, 聂欣. 产业集聚与环境治理: 助力还是阻力——来自开发区设

立准自然实验的证据［J］.中国工业经济，2016（12）：75-89.

　　［35］于博，等.中国城市环境污染监管水平的空间演化特征与影响因素［J］.地理研究，2019，38（7）：1777-1790.

　　［36］张姗姗，等.苏南太湖流域污染企业集聚与水环境污染空间耦合关系［J］.地理科学，2018，38（6）：954-962.

　　［37］周沂，等.环境外部性与污染企业城市内空间分布特征——基于深圳污染企业的实证分析［J］.地理研究，2014，33（5）：817-830.

第四章 社交媒体的环境关注与空气质量改善

第一节 引言

雾霾已经严重影响居民的健康，PM2.5是雾霾的主要成分，是影响空气质量的有害的物质之一（Che et al., 2014；Han et al., 2014）。已有研究将PM2.5浓度的增加归因于经济发展水平、产业结构、环境规制、城市化水平或自然因素（Costantini et al., 2013；Han et al., 2014；薛文博等，2016；Xu and Lin, 2016；Luo et al., 2018；孙涵等，2019）。从社会经济因素来看，已有研究倾向于从自上而下的角度强调中央和地方政府环境规制的作用。较少从自下而上的角度关注公众压力对环境质量的影响。随着移动互联网的发展，以微博、微信为主的社交媒体用户持续增长。公众能够实时在社交网络上表达对民生或环境问题的意见。社交媒体通过直接或间接的方式促进了地方政府加强环境规制，改善空气质量（Kay et al., 2014；Wang et al., 2015）；社交媒体也被公共机构用于评估网络舆情、应对突发事件、沟通和宣传工作（Denyer, 2013）。自下而上的社交媒体对环境治理的影响往往被忽视。本章主要探讨不同城市社交媒体的环境关注如何影响城市 PM2.5 浓度，并进一步从城市创新能力、城市等级和财政分权的角度探讨社交媒体环境关注的区域差异与城市 PM2.5 浓度之间的作用机制。研究发现，社交媒体反映的环境关注是降低城市 PM2.5 浓度的重要因素，较高的城市层级和创新能力对这种关系有积极影响。本研究的主要贡献在于：第一，首次从社交媒体反映的环境关注的角度研究空气污染的治理，提供一个探讨环境问题的自下而上的视角；第二，本章基于中国地级市的面板数据定量分析社交媒体与空气污染之间因果关系及内在机制；第三，本章采用空间计量经济模型来控制污染水平的空间溢出效应，并通过引入工具变量等多种方法验证了结果的稳健性。本研究将为分析环境污染问题提供新的视角。

第二节　理论与文献综述

互联网和智能手机的普及促使网民越来越多地使用社交媒体来表达他们对民生相关问题的关注（马小娟，2011），其中环境污染问题（李欣等，2017）是最突出的议题之一（Kay et al.，2014；Jiang et al.，2015；Wang et al.，2015）。新浪微博和微信等社交平台为民众提供了对社会问题发表意见的便捷渠道（夏雨禾，2010）。社交媒体对个人和政府发挥着不同的作用。对于个人来说，社交媒体提供一个讨论和表达对环境污染问题的渠道（于海婷，2017）。当严重雾霾天气出现时，超过一半的居民认为政府应该采取措施积极解决问题（张君等，2017），公众还积极向政府举报污染事件甚至发起诉讼（初钊鹏等，2019）。公众在社交媒体上对环境的关注对地方政府施加了一定程度的压力。

对于政府来说，社交媒体提供一个了解舆情、与公众沟通和宣传政策的有效途径（郑磊和魏颖昊，2012）。党的十九大报告提出"构建政府为主导、企业为主体、社会组织和公众共同参与的环境治理体系"。中央政府愿意听取公众呼吁，建立严格的污染排放环境法规，并通过"压力传导机制"推动省级和地方政府执行环境相关法规（张国兴等，2019）。但是，我国科层制下的环境治理极易造成中央和地方政府的信息不对称（初钊鹏等，2019）。中央政府与地方政府对于环境治理的偏好不一致，即使中央政府做出强有力的治理环境污染的制度安排，地方政府官员可能基于自身利益的考量而偏离中央的制度。同时，中央政府对地方政府环境治理的监管能力有限，从自上而下的角度治理环境问题存在内在的不足。公众的参与和监督可以从自下而上的角度帮助中央政府监督地方政府与企业的利益合谋行为，为中央政府补足信息，强化中央政府的监管能力。社交媒体为政府与网民的沟通提供了重要的平台。公众通过社交媒体关注环境问题，并对政府施加环境保护的压力，改变了政府、企业和民众应对空气污染的方式（Kay et al.，2014；吕志科和鲁珍，2021）。社交媒体上的环境信息和公众对雾霾等环境问题的关注，推动政府更迫切地治理污染问题。

社交网络的环境关注存在较大的区域差异。受过高等教育、富裕人群和意见领袖往往更关注环境和健康问题，也更容易利用社交媒体产生更大的社会影响，这些人群大多生活在大城市或沿海发达地区，他们对地方政府解决空气污染问题施加了更大的压力。本文认为社交媒体对环境关注的区域差异将显著影响城市PM2.5浓度。因此，第一个研究假设如下：

假设1：社交网络上更关注环境问题的区域能够更有效地降低PM2.5浓度。

社交媒体上民众对环境问题的关注不会自动提升环境质量，还需要地方政府和环保部门的环境治理（Van Rooij and Lo，2010）。中央政府通过各种环境规制对地方政府施加压力（Lo and Tang，2006），巡查并惩罚违反环境法规的城市或地区。地方政府同时面对来自上级政府和居民的环境治理压力。在这一过程中，更高等级的城市通常需要遵守更严格的法规（He et al.，2012），例如，2013年国务院印发布的《大气污染防治行动计划》要求京津冀、长三角和珠三角地区的细颗粒物浓度在2017年之前分别降低25%、20%和15%，高于全国平均10%的减排建议。更高行政等级城市的居民受教育程度更高，经济更富裕，对环境和健康问题更为关注（Hong，2005）。更高行政等级的城市可能受到中央政府和居民的更多环境治理压力。本章认为，较高等级的城市有助于促进社交媒体的环境关注对降低 PM2.5 浓度的作用。

假设 2：对于更高行政等级的城市，社交媒体的环境关注更容易降低城市的 PM2.5 浓度。

社交媒体产生的环境关注是否能促进城市降低 PM2.5 浓度还取决于地方政府的能力。Grossman 和 Krueger（1991）发现，经济增长对环境质量改善的作用源于产业结构改善和技术进步的影响。应对公众的环境治理压力，地方政府进行产业转型和技术升级的能力决定了环境治理的效率。在创新能力较强的地区，创新活动有助于缓解资源环境约束，推动经济的集约化发展，新技术可以提升能源利用效率，促进产业向清洁和高附加值产业转变，从而对环境产生积极影响（Hilty et al.，2006；王俊松和贺灿飞，2009；Horbach et al.，2012）。创新能力强的城市可以更多地借助产业升级和结构调整的方式应对空气污染问题，也有更多资金用于环境治理，为地方政府提供了更多的政策选择（刘克逸，2003）。因此，本章认为，城市越强的创新能力越有助于提高社交媒体的环境关注对降低城市 PM2.5 浓度的促进作用。

假设 3：社交媒体的环境关注更有利于降低创新能力更强城市的 PM2.5 浓度。

地方政府应对环境关注改善环境的能力也取决于其进行环境治理的财政能力。改革开放以来，地方政府被赋予了更大的发展地方经济的自主权。财政分权促使地方政府拥有财政收入剩余索取权和财政支出控制权（He et al.，2011）。地方政府更有可能通过吸引和保留污染企业来提高地方收入（Oi，1992；Lo and Fryxell，2005；周黎安，2017）。地方政府对高污染行业的态度因其财政状况而异。财政盈余充足的发达城市更容易有效应对社交媒体上民众的环境保护压力，政府更有能力通过调整经济结构、引入污染减排设施、增强环境规制力度等方式改善环境，也有充分的财政收入应对污染企业流失带来的税收损失。相比之下，面临预算限制的地方政府更可能优先强调地方经济发展，其支持环境保护的财力有限，从而降低面对环境保护压力时改善环境的意愿和能力。因此，本章第四个假设如下：

假设 4：地方的财政压力削弱了社交媒体的环境关注对降低城市 PM2.5 浓度的作用。

少数已有的实证研究，探讨了社交媒体与空气质量之间的因果关系。Zheng 等（2019）基于中国的微博数据证实，空气污染会降低居民的幸福感，且女性的幸福感比男性下降得更快。Kay 等（2014）利用新浪微博上 2012 年和 2013 年与环境相关的发帖，分析了政府、企业和个人在社交媒体上的互动，发现微博有助于推进环境保护事业，但该研究基于定性案例分析展开，结论缺乏普适性。李欣等（2017）基于省区尺度的百度搜索数据和计量模型分析发现，网络舆论表征的非正式制度有助于缓解雾霾污染，该研究关注网络舆论作为非正式制度在环境治理中的作用，但是研究尺度相对较粗，且机制分析有待深入。当前，社交媒体如何影响中国的空气质量仍未得到充分研究，本章旨在基于定量方法以微博为例分析社交媒体的环境关注的区域差异对空气质量是否存在显著的影响，并进一步分析可能的作用机制。

第三节　方法和数据

一、空间回归模型和变量

PM2.5 浓度存在空间相关性，本章通过引入空间回归模型来分析社交媒体的环境关注如何影响城市 PM2.5 浓度，以获得一致的估计。空间回归模型被广泛用于环境实证研究的其他领域（Chen et al.，2019；Wang et al.，2019）。空间回归模型一般分为面板空间自回归模型（SAR）、空间误差模型（SEM）和空间杜宾模型（SDM），其中 SAR 中的空间相关性源于因变量的滞后项的相关性，而 SEM 中的空间相关性源于模型的误差项，SDM 同时考虑因变量和自变量的空间相关性，由于因变量和自变量可能同时存在空间相关性，本研究选择 SDM 模型，以获得可靠的结果。

$$Y_{it} = \rho W Y_{it} + \beta X_{it-1} + \theta W X_{it-1} + \mu + \varepsilon_{it} \tag{4-1}$$

其中，Y 为 $n×1$（n 为地级市数量）的因变量向量，X 为 $n×k$（自变量数量为 $k-1$）的解释变量矩阵，β 为解释变量的系数，ρ 为因变量空间滞后项的系数，θ 为自变量空间滞后项的系数，ε 为扰动项，下标 i 为地级单元，t 为年份，时间范围为 2014~2018 年。所有的 X 变量都滞后一年以消除潜在的内生性问题。每年有 263 个地级市被引入模型。W 是一个 $n×n$ 的空间相邻矩阵。W_{ij} 被设定为 500 千米带宽内 i 和 j 城市距离的倒数。

主要变量介绍如下。因变量是城市每年平均 PM2.5 浓度并取对数（lnPM2.5）。主要自变量是社交媒体反映的环境关注，采用地区新浪微博上环境相关主题的城市人均发帖数量（*PollutantPost*）表示，其中，环境相关关键词包括"雾霾、水污染、空气污染、污染物、环境保护"等。自变量包括城市等级、创新能力、财政压力及社会经济控制变量。

城市等级：引入城市等级变量（*Hierarchy*）分析城市等级是否影响城市 PM2.5 浓度，以及是否影响社交媒体的环境关注与城市 PM2.5 浓度之间的关系。对四个直辖市（北京、上海、天津和重庆）赋值为 2，副省级城市和省会城市的赋值为 1，其他城市赋值为 0。预期高等级城市可能有较高的污染水平，但也可能对社交媒体的环境关注做出更有效的反应，并降低 PM2.5 浓度。

创新能力：以城市人均专利授权数（*Patent*）来衡量创新能力（Costantini et al.，2013；Wang et al.，2019）。较强的创新能力有助于地方政府应对公众压力，从而改善空气质量。

财政压力：城市财政压力可能影响城市的空气质量，以城市财政支出占财政收入的比例来衡量财政压力（*Finance*）并引入模型。预计地方财政压力对城市 PM2.5 浓度产生显著影响，且财政负担将降低政府有效地回应环境关注的能力。

经济发展与城市化：引入人均国内生产总值（对数）（ln*PGDP*），分析经济发展对空气质量的影响。引入利用的 *FDI* 占 GDP 的比重（*FDI*），以控制对外开放因素对空气质量的影响。引入人口密度（*Density*）和第二产业占 GDP 的比例（*Industry*）控制城市化因素对空气质量的影响（Wang et al.，2017）。由于第三产业和第二产业比重存在较强的负相关关系，为避免共线性，未引入第三产业比重变量。引入道路面积（*Road*）变量，预期道路面积增加可能显著提高城市 PM2.5 浓度（Shen et al.，2017）。

　　其他控制变量：引入供暖虚拟变量（*Heating*），即冬季有集中供暖系统的城市被赋值为 1，否则为 0；降水量（*Precipitation*），以城市的年降水量为对数来衡量；风速（*Wind*），以城市年均风速衡量；平均气温（*Tempre*），以城市年均温度来衡量。所有变量的描述如表 4-1 所示。变量之间的皮尔逊相关系数显示 *PollutionPost* 与其他自变量之间的相关性很小，表明 *PollutionPost* 的回归系数是可信的。

表 4-1　变量定义及描述

	变量	测量
Dependent	PM2.5	城市年平均 PM2.5 浓度
Core independent	*PollutantPost*	微博上环境相关内容的城市人均发帖数
Hierarchy	*Hierarchy*	直辖市为 2，省会和副省级城市为 1，其余城市为 0
Decentralization	*Finance*	财政支出占财政收入的比重
	Patent	发明专利授权数（取对数）
Economic Development	*PGDP*	城市人均 GDP（取对数）
	Road	城市道路面积（取对数）
Urbanization	*PopuDensity*	城市人口密度（取对数）
	Industry	第二产业占 GDP 的比重
	Heating	城市冬季集中供暖为 1，否则为 0
	Precipitation	城市年降水量（取对数）
Control Variables	*Wind*	城市年均风速
	Tempre	城市年均气温
	FDI	城市实际利用外资额占 GDP 的比重

二、联立方程模型

模型可能存在内生性问题，即与环境相关的帖子可能会影响空气质量，而糟糕的空气质量也会导致帖子数量的增加。因此，本章还引入了联立方程模型解决潜在的内生性问题。模型设定如下：

$$\begin{cases} PM2.5_{it}=\beta_0+\beta_1 PollutantPost_{it}+\theta X_{it}+Year\_dummy+Region\_dummy+\varepsilon_{it} \\ PollutantPost_{it}=\gamma_0+\gamma_1 PM2.5_{it}+\delta Y_{it}+Year\_dummy+Region\_dummy+\varepsilon_{it} \end{cases}$$

其中，第一个方程的因变量是 i 城市在 t 年的 PM2.5 水平（$PM2.5$），主要因变量是新浪微博上与环境相关的发帖数量（$PollutantPost_{it}$）和控制变量（X）；$Year\_dummy$ 表示年份虚拟变量，用于控制时间效应。$Region\_dummy$ 表示地区虚拟变量，用于控制不可观测的地区效应。本章以东部地区①为基准，引入中部地区②虚拟变量和西部地区③虚拟变量。β 为回归系数，ε_{it} 为误差项。

第二个方程以微博环境相关的发帖量为因变量，预期空气污染程度会影响微博上环境相关发帖的数量，空气污染加重会引致微博上更多地对环境的抱怨。Y 表示第二个方程的控制变量，包括经济发展、城市化和互联网发展因素。预期经济发展水平越高，人们对环境问题的关注度就越高。此外，城市化水平越高，社交媒体上对环境的关注也会越多，因为这意味着更多的污染排放，而且更多人会关注可能威胁健康的污染问题。如前所述，使用城市人均 GDP（PGDP）和城市人口密度（PopuDensity）来表示经济发展水平和城市化水平。互联网的普及程度也会影响微博上与环境相关帖子的数量。互联网用户普及率越高，意味着人们越容易使用社交媒体在互联网上发表意见。使用每个城市的互联网普及率（Internet）（网民数量除以总人口）来衡量互联网发展对环境相关帖子数量的影响。

---

① 东部地区包括北京、天津、河北、辽宁、上海、江苏、浙江、福建、山东、广东和海南省市。
② 中部地区包括山西、内蒙古、吉林、黑龙江、安徽、江西、河南、湖北和湖南省区。
③ 西部地区包括四川、贵州、云南、西藏、陕西、甘肃、青海、宁夏和新疆省区。

三、数据来源

PM2.5 数据来自中国环境监测总站，将空气质量监测站点与所在城市匹配，并在城市层面将全年的 PM2.5 数据取平均得到城市年度 PM2.5 均值。社交媒体反映的环境关注数据从新浪微博抓取。首先，从 2014~2018 年的微博上抓取包含"雾霾、水污染、空气污染、污染排放、环境保护"等关键词的发帖；其次，抓取每个帖子的微博 ID、发布时间、发布地点、ID 所在地点等数据；最后，根据发帖位置对每个城市与每年环境相关的发帖数汇总。为控制城市人口规模的影响，城市社交媒体的环境关注采用环境相关的微博发帖数量占该城市人口的比例表示。道路和降水相关数据来自中国科学院资源与环境科学研究中心（http://www.resdc.cn），其他经济和社会属性数据来自历年《中国城市统计年鉴》。

第四节　社交媒体的环境关注和
PM2.5 浓度的空间分布格局

表 4-2 显示 2018 年微博上环境相关帖子省份分布。环境相关发帖主要位于我国东部和南部的城市。京津地区、长江三角洲地区和珠江三角洲地区拥有最多的与环境相关的微博发帖数。北京、上海、杭州、广州、南京、苏州是对环境关注度最高的城市，而大多数西部和东北部城市的居民对环境的关注度较低。发达地区城市的人们更注重生活水平，关注自己和子女的健康，在面对严重雾霾或污染时，更容易做出积极的反应。

表4-2　中国省份微博环境主题发帖数及PM2.5均值（2018年）

省份	微博环境主题发帖量	PM2.5均值	省份	微博环境主题发帖量	PM2.5均值
北京	508283	49.5	湖北	73476	41.9
天津	74232	49.6	湖南	99594	38.4
河北	186286	54.9	广东	348767	29.8
山西	60214	53.8	广西	46441	34.3
内蒙古	25183	29.4	海南	14434	10.5
辽宁	102777	38.3	重庆	82480	37.1
吉林	93227	31.4	四川	126607	37.4
黑龙江	64110	26.9	贵州	34450	26.7
上海	164960	36.1	云南	31149	23.0
江苏	397966	46.8	西藏	248	16.2
浙江	420363	35.2	陕西	130394	46.9
安徽	181031	45.7	甘肃	12682	35.6
福建	164119	24.7	青海	72621	28.0
江西	61375	35.5	宁夏	12861	38.3
山东	457764	49.7	新疆	10314	47.0
河南	287302	61.1			

　　PM2.5污染最严重的地区主要位于华北地区，其中河北、山西、河南、山东和安徽北部是受PM2.5影响最大的地区，这些地区有丰富的煤炭资源分布，或存在消耗大量煤炭的工业。长三角地区也是受PM2.5影响较大的地区，长三角地区的人口和产业较为密集。除了陕西、新疆等省份，西部地区受雾霾的影响相对较小。

　　与环境相关的微博发帖数和PM2.5浓度的空间分布存在一定的异同。尽管二者在我国东部沿海地区的密度都较高，微博的环境关注更多集中在发达地区的大城市，这意味着这些城市的政府在污染治理方面面临着更大的公众压力，同时，更好的财政条件及人们对环保的认知有助于这些地区更有效地控制PM2.5

浓度。除了一些中心城市，PM2.5浓度高的地区与煤炭资源和消耗煤炭资源的重化工业的分布更趋于一致。

微博的环境关注与城市的分布情况如图4-1（上）所示，纵轴为微博上的环境相关主题的发帖数量，横轴为发帖量由高到低的城市，可见发帖量高度集中在头部城市，发帖量前十的城市占微博上环境相关发帖数的50%以上。PM2.5浓度由高到低的分布则相对平缓，如图4-1（下）所示。

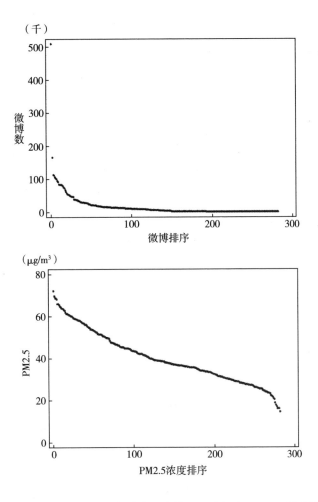

图4-1　（2018年）微博的环境关注与城市分布情况（上）和PM2.5浓度的散点图（下）

第五节　环境关注与城市 **PM2.5** 浓度：计量结果

一、空间杜宾模型估计结果

由于存在不随时间变化的变量，本章首先采用随机效应的空间杜宾模型，估计结果如表 4-3 所示。ρ 在所有估计中都显著为正，证实 PM2.5 浓度存在明显的空间自相关，一个城市的空气污染会使邻近地区的空气质量恶化，与已有的研究结论一致（Cheng et al.，2017；Zeng et al.，2019）。表 4-3 中第 1 列只引入微博的环境关注变量，第 2 列引入所有控制变量，第 3~第 5 列分别引入环境关注与城市等级、创新产出和财政压力变量的交互项，探讨社交媒体的环境关注对 PM2.5 浓度影响的作用机制。

表 4-3　空间杜宾模型的回归结果

变量	(1)	(2)	(3)	(4)	(5)
PollutionPost	−0.037***	−0.042**	−0.023	−0.001	−0.114*
Hierachy		0.037	0.037	0.034	0.037
Finance		−0.011	−0.011	−0.011	−0.011
Patent		0.028**	0.027**	0.032***	0.028**
PGDP		−0.091**	−0.092**	−0.094**	−0.091**
FDI		0.070**	0.071**	0.072**	0.070**
PopuDensity		0.024***	0.023***	0.023***	0.023***
Industry		0.005***	0.005***	0.005***	0.005***
Heating		0.113*	0.113*	0.113*	0.111*

续表

变量	（1）	（2）	（3）	（4）	（5）
Precipitation		0.027	0.028	0.028	0.026
Wind		−0.089***	−0.089***	−0.090***	−0.089***
Tempre		0.007	0.006	0.006	0.007
Road		0.008	0.009	0.010	0.009
PollutionPost×Hierarchy			−0.024***		
PollutionPost×Patent				−0.039**	
PollutionPost×Finance					0.057
W×PollutionPost	1.549	0.239	0.212	0.214	0.232
W×Hierachy		−0.719	−0.715	−0.707	−0.695
W×Finance		0.139**	0.140**	0.140**	0.138**
W×Patent		0.170	0.162	0.160	0.177
W×PGDP		−0.196	−0.192	−0.188	−0.192
W×FDI		−1.632	−1.601	−1.573	−1.584
W×PopuDensity		0.017	0.017	0.018	0.018
W×Industry		−0.003	−0.003	−0.003	−0.003
W×Heating		−0.089	−0.089	−0.091	−0.080
W×Precipitation		−0.035	−0.039	−0.042	−0.032
W×Wind		0.296	0.297	0.304	0.290
W×Tempre		0.000	0.001	0.002	0.001
W×Road		0.156**	0.155**	0.153**	0.151**
ρ	2.290***	2.479***	2.478***	2.478***	2.479***
Constant	−5.098***	−4.146	−4.158	−4.197*	−4.181*
地区数	263	263	263	263	263
观测值	1315	1315	1315	1315	1315
R-squared	0.0323	0.576	0.577	0.578	0.572
log *likelyhood*	352.7	455.7	456.1	457.0	456.1

注：***表示 $p<0.01$，**表示 $p<0.05$，*表示 $p<0.1$。

结果基本符合预期。除第 4 列，社交媒体环境关注的系数均显著为负。第 4 列中，当引入 *PollutionPost* 和 *Patent* 的交互作用时，*PollutionPost* 不显著为负，但加上交互项以后，*PollutionPost* 的整体效应仍然为负。因此，可以认为，社交媒体的环境关注可以有效降低城市的 PM2.5 浓度。人们对环境污染的关注度可能促使地方政府积极应对并解决空气污染问题。

城市等级、创新能力和城市财政压力的系数显示，城市等级制度和城市的财政负担对 PM2.5 浓度没有显著影响，而创新能力显著提高了空气的 PM2.5 浓度，与预期相反。这可能由于较强的创新能力吸引了更多的人口和产业的集聚，包括污染性产业，从而促进了 PM2.5 浓度的上升。

PollutionPost 和城市等级变量的交互项系数在 1% 的水平上显著为负（第 3 列），表明层级更高的城市更有利于促进社交媒体的环境关注对降低 PM2.5 的积极作用。大城市的公民更关注污染问题。同时，较大的城市能够更好地响应公众的呼吁，转向清洁的产业结构或实施更严格的环境规制。同样，第 4 列的交互项系数显示，对创新能力强的城市，社交媒体的环境关注更容易降低其 PM2.5 浓度，表明面对公众的环境关注时创新能力强的城市更容易通过提升技术降低污染，并向绿色产业转型（Hilty et al.，2006；Horbach et al.，2012）。第 5 列的环境关注和财政压力交互项系数不显著为正，表明财政压力大小不能有效促进公众的环境关注对环境的改善。在面临公众环境压力时，财政负担重的地区仍然无力有效治理环境。

控制变量的系数基本符合预期。富裕地区（*PGDP*）更有利于降低 PM2.5 浓度，表明发达城市更有能力和动机控制污染。城市的 FDI、人口密度、第二产业的比例的增加显著提高了城市 PM2.5 浓度，表明人口和产业的集聚均可能导致空气恶化。城市集中供暖是 PM2.5 浓度上升的另一个关键因素，因为我国北方地区在冬季严重依赖煤炭取暖。城市年均风速能显著降低 PM2.5 浓度，而降水量、温度和道路密度对空气质量的影响不显著。

从自变量空间滞后项的系数来看，周边城市社交媒体的环境关注对本地区城市 PM2.5 的影响不显著，周边城市的财政压力、供暖和道路密度均可能增加本城市的 PM2.5 浓度，这是由于财政压力可能导致周边城市更多地发展污染产业，从而提升本城市的 PM2.5 浓度。周边城市的城市供暖和道路密度均可能使污染溢出到本城市，从而影响空气质量。周边城市其他变量对本城市 PM2.5 的影响不显著。

进一步通过调整变量和模型来检验系数的稳健性（见表4-4）。首先，剔除与其他变量高度相关的变量，包括专利、财政压力和人口密度，并以第2列的模型为基准进行回归。结果显示 PollutionPost 的系数的符号和显著性不变。其次，采用随机效应模型和固定效应模型重新回归，第2列和第3列的结果显示，变量的系数仍然显著为负。因此，社交媒体的环境关注可以降低城市的 PM2.5 浓度的结论是稳健的。

表4-4　稳健性检验的结果

	（1）剔除强相关性自变量	（2）RE	（3）FE	（4）IV	（5）IV	（6）IV2
PollutionPost	−0.043 **	−0.074 ***	−0.061 **	−2.622 ***	−0.273 *	−0.263 *
控制变量	包含	包含	包含	不包含	包含	包含
观测值	1315	1315	1315	1315	1315	1315
地区数	263	263	263	263	263	263
R-squared	0.240	0.405	0.178	0.048	0.210	0.226

注：*** 表示 $p<0.01$，** 表示 $p<0.05$，* 表示 $p<0.1$。

还可能出现由于反向因果关系导致的内生性问题。社交媒体的环境关注可能导致 PM2.5 的下降，但也可能出现反向因果关系，即空气污染引起微博上关注环境话题数量的上升。本章试图通过引入工具变量解决潜在的内生性偏误。把相对样本所在年份三年前的城市网民比例和工资作为工具变量引入工具变量面板数据回归，数据来自中国城市统计年鉴。网民比例是一个合适的工具变量，因为它与内生变量 *PollutionPost* 正相关，而它可能不会通过其他渠道影响 PM2.5 浓度。

结果显示在第 4 列和第 5 列，第 4 列不包括控制变量，第 5 列包括控制变量。Cragg-Donald Wald F 检验拒绝了弱工具变量的假设，表明结果可以接受。回归系数显示结果仍然稳健。第 6 列同时引入了互联网用户的比例和城市工资作为工具变量，选择三年前的城市工资作为工具变量的原因在于更富裕的人更关注环境，更有可能表达意见，但不会通过其他渠道影响到现在的空气质量，过度识别检验的 Sargan-Hansen 统计量为 0.074，p 值为 0.78，接受工具变量为外生的原假设。结果依然稳健，进一步证实了微博上环境关注对空气质量的改善产生了积极影响。

二、联立方程模型的估计结果

为避免可能的内生性问题，进一步使用联立方程进行估计。表 4-5 是联立方程模型估计结果。第 1 列和第 2 列包含年份和地区虚拟变量，第 1 列剔除了与其他变量高度相关的人口密度、工业产值控制变量。第 2~第 4 列包含全部控制变量，第 3 列包含地区虚拟变量，但不包含年份虚拟变量；第 4 列不包含地区或年份虚拟变量，以确保估计结果的稳健性。

表 4-5　联立方程模型的估计结果

	(1)	(2)	(3)	(4)
因变量：PM2.5				
PollutionPost	-0.184***	-0.278***	-0.278***	-0.301***
	(0.001)	(0.008)	(0.000)	(0.000)
控制变量	部分包含	包含	包含	包含
年份虚拟变量	包含	包含	不包含	不包含
地区虚拟变量	包含	包含	包含	不包含
因变量：PollutionPost				

续表

	（1）	（2）	（3）	（4）
PGDP	0. 778 ***	0. 811 ***	0. 801 ***	0. 861 ***
	（0. 000）	（0. 000）	（0. 000）	（0. 000）
PopuDensity	−0. 030	0. 058	0. 143 ***	0. 167 ***
	（0. 525）	（0. 223）	（0. 001）	（0. 000）
PM2. 5	1. 242 ***	0. 974 ***	0. 758 ***	0. 842 ***
	（0. 000）	（0. 000）	（0. 000）	（0. 000）
Internet	2. 325 ***	1. 967 ***	2. 027 ***	2. 226 ***
	（0. 000）	（0. 000）	（0. 000）	（0. 000）
Constant	−10. 604 ***	−10. 301 ***	−9. 626 ***	−10. 980 ***
	（0. 000）	（0. 000）	（0. 000）	（0. 000）
年份虚拟变量	包含	包含	不包含	不包含
地区虚拟变量	包含	包含	包含	不包含
N	943	943	943	943
N_group	263	263	263	263
RMSE_1	0. 299	0. 347	0. 355	0. 377
RMSE_2	0. 874	0. 857	0. 939	0. 957

注： *** 表示 $p<0.01$， ** 表示 $p<0.05$， * 表示 $p<0.1$，RMSE_1 和 RMSE_2 分别指第一个和第二个模型的均方根误差。

结果显示，微博发帖的回归系数显著为负，表明微博发帖数的增加能够显著降低空气污染。这一影响大于空间计量回归的估计结果，表明反向因果效应确实影响了社交媒体环境关注与空气质量之间的关系。具体而言，环境相关帖子数量每增加 10%，PM2. 5 浓度会减少约 2. 8%。

对于以环境发帖量为因变量的第二个方程，结果与预期基本一致。经济发展水平、PM2. 5 浓度和城市网民比例都对微博上环境相关发帖量有显著的正向影响。这表明较富裕人群、网络普及率高、污染严重地区的人群更关注环境问题，也更有可能在社交媒体上表达自己的观点。然而，只有在剔除了年份或地区虚拟变量的后两列中，人口密度的系数才为正，这表明在控制了地区和时间因素后，人口密度可能并不是在社交媒体上发表观点的决定性因素。

三、环境规制的中介效应

社交媒体通过什么渠道影响城市空气质量？社交媒体的环境关注往往引起政府的注意，从而实施更严格的环境规制措施。因此，政府的环境规制可能会在社交媒体与空气质量改善之间产生中介效应。借鉴已有的研究（Baron and Kenny，1986；Jarczok et al.，2016），引入了逐步回归法来进行中介效应检验。首先，分析社交媒体环境发帖数对中介变量环境规制的影响。其次，分析社交媒体通过中介变量对 PM2.5 浓度的影响。最后，估计社交媒体通过环境规制对城市空气质量产生直接和间接影响，并计算与中介效应相关的比例。

本章使用工业二氧化硫的去除率作为衡量环境规制的指标，该指标在已有的研究中被广泛使用（Liao and Shi，2018；Deng et al.，2020），以工业二氧化硫去除量与烟气排放总量之比来衡量。数值越高，意味着环境规制越严格。

回归结果如表 4-6 所示。结果证实了本章的预期，即环境规制是一个有效的中介变量。社交媒体环境关注显著影响环境规制水平，而环境规制水平的提升能够显著降低 PM2.5 浓度。社交媒体的环境关注也能直接降低地区 PM2.5 水平。表明通过环境规制的中介作用，社交媒体对 PM2.5 浓度存在显著的间接影响。间接效应占总效应的比例为 25%，即社交媒体对空气质量改善的影响有 25% 是通过更严格的环境规制产生的。表明社交媒体施加的压力可以有效地影响政府做出决策，而在居民更关注当地环境状况的地区，更容易通过环境规制等自上而下的方式影响环境治理。

表 4-6　中介效应模型的回归结果

途径	Coef.	SE	t	Sig.
Regulation→PM2.5	-0.146	0.036	-4.000	0.000

续表

途径	Coef.	SE	t	Sig.
PollutionPost→PM2.5	−0.022	0.006	−3.840	0.000
PollutionPost→Regulation	0.050	0.006	8.200	0.000
间接效应	−0.007			
直接效应	−0.022			
总效应	−0.029			
间接效应比率	0.249			

四、经济发展水平差异引致的社交媒体的环境影响差异

由于各地区在教育水平、经济发展、互联网普及率、公民意识和环境条件等方面存在巨大差异，这种差异可能导致社交媒体对环境影响的异质性。更发达的地区社交媒体的环境关注可能对环境质量改善的影响更大。为了探讨这种异质性，进一步在联立方程模型中引入了微博与城市人均 GDP 的交互项。交互项回归系数结果如表 4-7 所示。第 1 列引入了所有控制变量，第 2 列去掉地区虚拟变量和年份虚拟变量，第 3 列去掉所有其他控制变量。交互项的结果一致且在 1% 的水平上显著为负，这证实了大多数与环境相关的社交媒体发帖更有可能改善富裕地区的空气质量。一般来说，教育水平越高、越富裕的居民越关注空气质量和健康状况（Hong，2005；Yu，2014），他们会对地区环境治理施加更大的压力，迫使其执行更严格的环境规制。表 4-8 显示了中国三大地带微博环境相关发帖数量的变化和 PM2.5 水平的变化。东部地区的微博环境相关发帖数量的增幅最大，这些地区的居民更加富裕，受教育程度更高，更容易在网上积极参与环境问题，因此东部地区的 PM2.5 浓度在研究期内的下降幅度也最大。相比之下，中部和西部地区的社交媒体环境发帖数和空气质量改善的幅度增长较慢。这种差异将会加剧不同发展水平的地区之间的环境差距。本章的研究表明，在利用社交媒体表

达环境问题方面，居民之间的地区发展水平差距也可能导致地区之间的改善程度不同。

表4-7　社交媒体与经济水平对空气质量的交互影响

	（1）	（2）	（3）
$PollutionPost \times PGDP$	−0.725*** （0.000）	−0.393*** （0.000）	−0.220*** （0.000）
控制变量	Included	Included	Not Included
年份虚拟变量	Included	Not Included	Not Included
地区虚拟变量	Included	Not Included	Not Included

注：*** 表示 $p<0.01$。

表4-8　中国东部、中部、西部地区环境和经济指标

区域	城市数量	平均PM2.5浓度	PM2.5增长率（%，2014~2017）	微博环境相关的人均发帖数	环境相关人均发帖增长率（%，2014~2017）	人均GDP（1000 Yuan）	本科以上人口比例（%）
东部地区	101	49.82	−20.3	83.3	148.9	91.7	8.0
中部地区	111	52.52	−14.2	28.6	54.9	50.9	5.4
西部地区	51	44.63	−8.2	28.9	79.4	58.1	6.1

第六节　结　论

众多研究从不同角度分析了中国城市空气污染的决定因素，但较少关注自下而上的社交媒体的环境关注对改善空气质量的影响。本章探讨了社交媒体所反映的环境关注对城市 PM2.5 浓度的影响以及内在机制。社交媒体为公民提供一个

关注环境的渠道，也是政府进行舆情监测和公众沟通的重要平台。社交媒体的公众参与和监督可以从自下而上的角度帮助中央政府监督地方政府与企业的利益合谋行为，为中央政府补足信息，强化中央政府的环境监管。本章阐明了公民的环境意识和环境参与对我国环境治理的重要性。

空间回归模型的结果证实了社交媒体的环境关注能有效降低 PM2.5 浓度，表明社交媒体的环境关注已经成为我国影响环境治理重要因素。高等级城市和创新能力较强的城市能够更好地回应社交媒体的环境关注，并降低 PM2.5 浓度，而财政压力无助于城市应对环境关注改善空气质量，研究还证实了工业化、城市化和其他社会经济因素对城市 PM2.5 浓度的显著影响。环境规制在社交媒体和环境改善的关系中起到中介作用，社交媒体上的环境问题促使地方政府实施更严格的环境法规，从而有助于改善空气质量。然而，这也可能导致不同经济水平地区之间的环境改善程度的不同，欠发达地区的居民可能会面临更不利的环境条件。本章的研究结论表明，公众通过社交媒体参与环境讨论，从自下而上的角度为环境治理提供信息并强化监管，改变了政府、企业和个人应对空气污染的方式。在分析环境问题时，应该充分考虑到新兴社交媒体平台的影响。在环境治理的过程中，对于高等级城市和创新能力强的地区，应充分发挥自下而上的公众监督力量，促进环境的不断优化。对于财政压力较大的地区，环境治理依赖于自上而下的监管和扶持，中央政府应通过财政扶持或专项转移支付等手段帮助环境压力大的地区优化产业结构，促进城市高质量发展和环境改善。本章的研究还存在一些不足之处，受数据可得性的影响，研究的时间段较短，随着时间的推移，社交媒体对环境的长期影响还需要进一步分析。此外，本章未充分考虑污染企业的迁移对城市空气质量的潜在影响，未来有必要对此作进一步的研究。

参考文献

［1］Baron R M，Kenny D A. The moderator-mediator variable distinction in social psychological research：Conceptual，strategic and statistical considerations ［J］.

Journal of Personality and Social Psychology, 1986 (57): 1173-1182.

［2］Che H, et al. Column aerosol optical properties and aerosol radiative forcing during a serious haze-fog month over north China plain in 2013 based on ground-based sunphotometer measurements ［J］. *Atmospheric Chemistry and Physics*, 2014, 14 (4): 2125-2138.

［3］Chen S, et al. Research on the strategic interaction and convergence of China's environmental public expenditure from the perspective of inequality ［J］. *Resources, Conservation and Recycling*, 2019 (145): 19-30.

［4］Cheng Z, Li L, Liu J. Identifying the spatial effects and driving factors of urban PM2.5 pollution in China ［J］. *Ecological Indicators*, 2017 (82): 61-75.

［5］Costantini V, Mazzanti M, Montini A. Environmental performance, innovation and spillovers ［J］. *Ecological Economics*, 2013 (89): 101-114.

［6］Deng Y, Wu Y, Xu H. Political connections and firm pollution behaviour: An empirical study ［J］. *Environmental and Resource Economics*, 2020 (75): 867-898.

［7］Denyer S, China monitors online chatter as users threaten state hold on the internet ［J］. *Guardian Weekly*, 2013 (20): 8-20.

［8］Grossman G M, Krueger A B. Environmental impacts of a north American free trade agreement ［R］. NEBR Working Paper, 1991.

［9］Han L, Zhou W, Li W, Li L. Impact of urbanization level on urban air quality: A case of fine particles (PM2.5) in Chinese cities ［J］. *Environmental Pollution*, 2014 (194): 163-170.

［10］He C, Pan F, Yan Y. Is economic transition harmful to China's urban environment? Evidence from industrial air pollution in Chinese cities ［J］. *Urban Studies*, 2011, 49 (8): 1767-1790.

［11］He C, Zhang T, Rui W. Air quality in urban China ［J］. *Eurasian Geography and Economics*, 2012, 53 (6): 750-771.

［12］Hilty L M, et al. The relevance of information and communication technologies for environmental sustainability—A prospective simulation study [J]. *Environmental Modelling & Software*, 2006, 21 (11): 1618-1629.

[13] Hong D. Environmental awareness of Chinese urban residents [J]. *Jiangsu Social Sciences*, 2005 (1): 127-132.

[14] Horbach J, Rammer C, Rennings K. Determinants of eco-innovations by type of environmental impact—The role of regulatory push/pull, technology push and market pull [J]. *Ecological Economics*, 2012 (78): 112-122.

[15] Jarczok M N, et al. The association of work stress and glycemic status is partially mediated by autonomic nervous system function: Cross-sectional results from the mannheim industrial cohort study (mics) [J]. *PLOS ONE*, 2016, 11 (8): e160743.

[16] Jiang W, Wang Y, Tsou M, Fu X. Using social media to detect outdoor air pollution and monitor air quality index (aqi): A geo-targeted spatiotemporal analysis framework with sina weibo (Chinese twitter) [J]. *PLOS ONE*, 2015, 10 (10): e141185.

[17] Kay S, Zhao B, Sui D. Can social media clear the air? A case study of the air pollution problem in Chinese cities [J]. *The Professional Geographer*, 2014, 67 (3): 351-363.

[18] Liao X, Shi X R. Public appeal, environmental regulation and green investment: Evidence from China [J]. *Energy Policy*, 2018 (119): 554-562.

[19] Lo C W, Fryxell G E. Governmental and societal support for environmental enforcement in China: An empirical study in Guangzhou [J]. *Journal of Development Studies*, 2005, 41 (4): 558-588.

[20] Lo C W, Tang S. Institutional reform, economic changes, and local environmental management in China: The case of guangdong province [J]. *Environmental Politics*, 2006, 15 (2): 190-210.

[21] Luo K, Li G, Fang C, Sun S. PM2. 5 mitigation in China: Socioeconomic

determinants of concentrations and differential control policies [J]. *Journal of Environmental Management*, 2018 (213): 47-55.

[22] Oi J C. Fiscal reform and the economic foundations of local state corporatism in China [J]. *World Politics*, 1992, 45 (1): 99-126.

[23] Shen J, Wei Y D, Yang Z. The impact of environmental regulations on the location of pollution-intensive industries in China [J]. *Journal of Cleaner Production*, 2017 (148): 785-794.

[24] Van Rooij B, Lo C W H. Fragile convergence: Understanding variation in the enforcement of China's industrial pollution law [J]. *Law & Policy*, 2010, 32 (1): 14-37.

[25] Wang J, Ye X, Wei Y D. Effects of agglomeration, environmental regulations and technology on pollutant emissions in China: Integrating spatial, social and economic network analyses [J]. *Sustainability*, 2019, 11 (2): 363.

[26] Wang S, et al. The characteristics and drivers of fine particulate matter (PM2.5) distribution in China [J]. *Journal of Cleaner Production*, 2017 (142): 1800-1809.

[27] Wang S, Paul M J, Dredze M. Social media as a sensor of air quality and public response in China [J]. *Journal of Medical Internet Research*, 2015, 17 (3): e22.

[28] Xu B, Lin B. Regional differences of pollution emissions in China: Contributing factors and mitigation strategies [J]. *Journal of Cleaner Production*, 2016 (112): 1454-1463.

[29] Yu X. Is environment "a city thing" in China? Rural-urban differences in environmental attitudes [J]. *Journal of Environmental Psychology*, 2014 (38): 39-48.

[30] Zeng Y, et al. Air pollution reduction in China: Recent success but great challenge for the future [J]. *Science of The Total Environment*, 2019 (663): 329-337.

[31] Zheng S, et al. Air pollution lowers Chinese urbanites' expressed happiness

on social media [J]. *Nature Human Behaviour*, 2019, 3 (3): 237-243.

[32] 初钊鹏, 卞晨, 刘昌新, 等. 雾霾污染、规制治理与公众参与的演化仿真研究 [J]. 中国人口·资源与环境, 2019, 29 (7): 101-111.

[33] 李欣, 杨朝远, 曹建华. 网络舆论有助于缓解雾霾污染吗? ——兼论雾霾污染的空间溢出效应 [J]. 经济学动态, 2017 (6): 45-57.

[34] 刘克逸. 产业信息化对我国产业结构升级的作用及政策取向 [J]. 软科学, 2003 (1): 27-30.

[35] 吕志科, 鲁珍. 公众参与对区域环境治理绩效影响机制的实证研究 [J]. 中国环境管理, 2021, 13 (3): 146-152.

[36] 马小娟. 论社交媒体对公民政治参与的影响 [J]. 中国出版, 2011 (24): 22-25.

[37] 孙涵, 胡雪原, 聂飞飞. 空气污染物的时空演化及社会经济驱动因素研究——以长江三角洲地区为例 [J]. 中国环境管理, 2019, 11 (4): 71-78.

[38] 王俊松, 贺灿飞. 技术进步、结构变动与中国能源利用效率 [J]. 中国人口·资源与环境, 2009, 19 (2): 157-161.

[39] 夏雨禾. 微博互动的结构与机制——基于对新浪微博的实证研究 [J]. 新闻与传播研究, 2010 (4): 60-69.

[40] 薛文博, 武卫玲, 付飞, 等. 中国煤炭消费对PM2.5污染的影响研究 [J]. 中国环境管理, 2016, 8 (2): 94-98.

[41] 于海婷. 环境群体性事件中社交媒体角色研究——以仙桃"垃圾焚烧发电厂"事件为例 [D]. 成都: 成都理工大学, 2017.

[42] 张国兴, 等. 公众环境监督行为、公众环境参与政策对工业污染治理效率的影响——基于中国省级面板数据的实证分析 [J]. 中国人口·资源与环境, 2019, 29 (1): 144-151.

[43] 张君, 孙岩, 陈丹琳. 公众理解雾霾污染——海淀区居民对雾霾的感知调查 [J]. 科学学研究, 2017, 35 (4): 491-499.

［44］郑磊，魏颖昊．政务微博危机管理：作用，挑战与问题［J］．电子政务，2012，6（4）：2-7.

［45］周黎安．转型中的地方政府：官员激励与治理［M］．上海：格致出版社，2017.

第五章　环境政策、集聚与
城市空气质量

第一节　引言

　　大气污染治理关系到人民的切身利益，对我国经济的持续健康发展极其重要。党的十九大报告将"绿色发展"作为经济由高速增长阶段向高质量发展阶段转变的必由之路，"生态环境质量整体改善"成为全面建成小康社会的核心目标，其中，大气污染治理是生态环境治理的重要组成部分。

　　有计划的环境规制是治理环境污染的重要方式。2013年9月，国务院印发的"大气十条"之后一个时期全国大气污染防治工作的行动指南，"大气十条"包含十项主要措施和具体行动。其对各省份降低PM2.5提出具体要求，自发布以来，各城市陆续发布了大气污染治理的一系列举措。已有的研究从多角度探讨了环境规制或环境政策对污染治理的影响，但尚未得到统一的结论。本研究基于细化的城市空气质量数据，通过空间计量模型分析"大气十条"政策对中国地级及以上城市的空气质量的影响，并分析经济集聚是否有助于环境政策的有效实施，从而定量探讨环境规制政策的实施效应及影响渠道，分析地理空间因素对环境规制影响的调节作用。

第二节　文献综述

　　受制于环境本身公共物品的"非排他性"以及环境污染治理的正外部性，政府介入的环境政策成为众多国家和地区环境治理的重要工具。已有的研究从多角度探讨了环境政策的实施对环境治理的影响。严格的环境政策将促进企业生产技术和组织管理升级或排污技术创新，减少环境污染。环境政策可以概括为三类：命令与控制型政策工具、市场型政策工具、自愿型政策工具。首先，控制型环境规制，如区域内重污染企业限产停产、机动车限行等可以规范排污者行为，在短时间内形成实效，具有较强的可操作性。在应对区域复合型的大气污染时，控制型的政策工具能够更有效地从污染源头出发减少环境污染（赵新峰和袁宗威，2016）。其次，市场型环境政策通过提高排污收费标准等方式限制企业排污行为，缓解环境压力。卢洪友等（2019）研究了中国环境保护税政策对地方工业污染水平和经济增长的影响，发现提高二氧化硫排污费征收标准有利于降低工业二氧化硫排放。

　　环境政策的实施还可以刺激污染企业技术创新，提高生产率，从而减少污染排放，推动区域环境的治理（郭庆，2014）。罗知和李浩然（2018）从供暖的角度分析了"大气十条"政策的影响，认为政策的实施可以通过改善供暖机制，如减少散煤的使用、增加清洁能源的使用，缓解北方城市供暖期的空气污染。王金南等（2018）提出，较全国而言，大气政策对重点区域环境空气质量改善更为突出。杨立华等（2018）分析了中华人民共和国成立以来我国47个大气污染治理法规政策的绩效，在操作实施层的绩效中，43个样本显示出中或高绩效，说明大部分政策法规对我国大气环境治理具有正向作用。

　　从短期来看，环境规制政策对企业进行技术开发和创新活动存在较为明显的挤出效应，污染企业在短时间内无法进行技术创新，就会将生产活动转移到环境规制强度较弱的地区，造成"污染避难所"问题。在严格的环境规制背景下，环境服从成本的上升使企业在追逐利润最大化的过程中加剧环境污染（Gray，1987）。Ritter和Schopf（2014）发现，碳税政策和对替代能源进行补贴会引发化石燃料所有者加速资源挖掘的市场行为，从而加速化石燃料的开采，增加气候损害。余长林和高宏建（2015）考虑隐性经济的存在及影响，发现严格的环境管制将会促使企业生产活动由官方经济部门向隐性经济部门转移，环境管制在降低官方经济污染的同时会导致隐性经济带来的污染加剧。

环境政策可能通过其他机制影响污染治理。当前较多研究基于"污染天堂假说"或波特假说，从分析环境规制和企业迁移重组的角度探讨环境规制的影响（Zhu et al.，2014；Zhao et al.，2019）。"污染天堂假说"认为，环境政策促使企业迁移到其他地区或国家，从而降低本地的污染水平（Dean et al.，2009）。波特假说则认为，环境规制能促进企业改进技术，提升生产率，从而提升环境质量（Costantini and Crespi，2008）。这些理论有助于从产业迁移或技术的视角理解环境规制的作用机制，但是这些理论未考虑环境政策如何作用于不同的空间单元。罗知和李浩然（2018）区分了中国供暖和非供暖地区，认为"大气十条"政策的实施可以通过改善供暖机制改变能源结构，缓解北方城市供暖期的空气污染。尚未有研究充分探讨空间集聚因素如何影响环境政策的实施效应。一些研究探讨了空间集聚对环境治理的影响，但未得到统一的结论。一种观点认为，集聚加重了周边区域的环境污染，短期内产业集聚可能成为环境治理的"阻力"，其引起环境污染现象更多地表现为污染的"集中排放"（王兵和聂欣，2016）。张可和豆建民（2015）认为，产业集聚带来的集聚区内企业规模的扩张和效率的提升会导致环境污染加剧。张健（2009）分析了珠江三角洲区域的产业转移与环境污染间的关系。发现产业转移导致的高污染企业在空间上的集聚会增加区域污染物排放量，并造成严重的环境问题。Verhoef和Nijkamp（2002）的研究同样证实了工业集聚会降低周边环境质量，并提出区域环境规制强度的提升可以通过降低污染企业的空间集聚从而改善区域环境。

另一种观点认为，集聚能够有效缓解环境污染。首先，工业生产活动的集聚会减少因重复建设所引起的固定污染成本，如新建工业区和道路交通基础设施可能破坏农村自然环境（陆铭和冯皓，2014），厂房建设造成建筑垃圾污染。刘习平和宋德勇（2013）发现，产业集聚促进能源集约利用，提高单位能源的服务价值，有效改善环境质量。其次，从规模经济的角度出发，高污染产业的集聚降低治理污染所需要的设备等固定投资的单位成本。Wang和Wei（2019）发现，开发区的规模经济将使企业处理污染物的边际成本降低，并且环境政策有助于推动这一进程。陆铭和冯皓（2014）在研究集聚与减排的关系时，也发现我国经济活动的集聚对降低区域内单位GDP的污染排放量有显著作用。最后，产业集聚促进了企业间的技术交流，可以增强企业创新能力，提高资源和能源利用效率，进而缓解环境污染。陈建军和胡晨光（2008）通过实证研究发现，在我国长江三角洲城市群，产业的集聚确实加速了区域内部企业技术创新，有利于开展环境治理活动。已有的研究未涉及环境政策如何作用于集聚区或非集聚区的环境治理。由于人口和产业集聚可以通过规模效应降低污染治理成本、提高清洁技术溢出等方式降低单位产出的污染排放，环境政策有助于改善集聚区的环境治理。有针对性的环境政策更容易在大城市推行，一方面，人口集聚可以降低环境规制政策的实施成本，分布集中的企业可以降低单位企业的环境管理成本；另一方面，环境政策通过对大城市等人口和产业集聚区施加环境治理压力，进一步提升环境治理效率。

尽管已有研究从多角度探讨了环境污染治理问题，但是仍然存在以下问题：第一，指标选择问题。大部分研究采用污染物的排放量而非环境质量作为污染衡量指标，但由于地区污染物处理技术、排污设施存在较大的差异，污染物排放与实际污染水平可能存在不匹配的现象。第二，研究视角问题。已有的政策研究较少从空间的角度考虑环境规制对环境治理的影响，本章认为城市的产业和人口的集聚将有利于环境政策的污染治理效果。本章通过《中国环境统计年鉴》、中国气象网、中国环境保护数据库等收集了2013~2018年全国288个城市的年度、月度空气质量数据，综合考虑城镇人均可支配收入、集中供暖情况、产业结构、能源消费结构、高污染产业产值以及环境规制强度等因素，采用空间计量模型探讨空间集聚因素是否更有利于环境政策的治理效果。

第三节　城市空气质量的空间格局

为分析政策实施前后全国空气质量变化情况，表 5-1 计算了 2013 年和 2018 年我国省份空气质量指数平均值及变化。可以看出，2013 年，我国空气质量指数（AQI）分布呈现出东中部地区较高，西部地区相对较低的态势。空气污染指数较高的省区主要集中在京津冀、长三角、山东、安徽、江西等东部和中部省份，这些地区多为经济发达、人口密集的区域。到 2018 年，我国整体空气污染情况有所好转，京津冀、长三角、珠三角等重点地区的空气质量显著提升，东北三省的空气质量也有明显改善，表明这些区域在空气污染治理方面取得了明显进展。表现出区域空气污染变化的多样性。这可能与部分地区的经济发展模式和产业结构调整有关，东部地区的污染控制措施显著，但中部和西部地区仍需加强大气治理力度以应对新的环境压力。

表 5-1　2013 年和 2018 年我国省区平均空气质量指数（AQI）

区域	省份	2013 年平均 AQI	2018 年平均 AQI	2013~2018 年 平均 AQI 变化
东部	北京	102	76	−26
	天津	159	92	−67
	河北	182	102	−80
	上海	163	66	−97
	江苏	173	79	−93
	浙江	155	66	−90

续表

区域	省份	2013 年平均 AQI	2018 年平均 AQI	2013~2018 年平均 AQI 变化
东部	福建	73	44	−29
	山东	172	92	−80
	广东	114	52	−63
	海南	93	38	−55
中部	山西	131	102	−29
	内蒙古	100	64	−36
	安徽	291	93	−199
	江西	179	61	−118
	河南	102	137	35
	湖北	202	101	−101
	湖南	153	86	−66
	广西	145	49	−95
东北	辽宁	104	71	−34
	吉林	105	62	−42
	黑龙江	156	61	−96
西部	重庆	131	71	−60
	四川	152	74	−77
	贵州	122	46	−76
	云南	87	43	−45
	西藏	75	45	−30
	陕西	167	112	−55
	甘肃	88	92	3
	青海	104	64	−40
	宁夏	133	92	−41
	新疆	124	142	18
全国平均		146	80	−67

第四节　实证检验

一、模型确定

（一）空间自相关检验

由于空气污染在空间上具有扩散性，相邻区域的空气质量可能相互影响，空气污染指数可能存在空间相关性。本章引入 Moran's I 系数度量大气污染分布的空间自相关性。公式为：

$$Moran's\ I = \frac{n \sum\limits_{i=1}^{n} \sum\limits_{j=1}^{n} W_{ij}(x_i - \overline{x})(x_j - \overline{x})}{\sum\limits_{i=1}^{n} \sum\limits_{j=1}^{n} W_{ij} \sum\limits_{i=1}^{n} (x_i - \overline{x})^2} i \neq j$$

其中，n 为城市总数，x_i 表示城市 i 的空气质量指数，W_{ij} 为空间权重矩阵，通过经纬度计算出两城市的地理距离，以距离的倒数设定权重。全局 Moran's I 指数的取值范围在 $-1 \sim 1$ 之间，通过 Moran's I 值可以判断城市空气质量指数的集聚程度。当 I>0 时，表明城市空气质量对周边空气质量产生显著的正向影响；当 I<0 时，表示空间负相关；当 I=0 时，表示空间不相关，即城市空气质量呈无规律的随机分布。显著性检验通过标准化统计量 Z 检验来实现，计算公式如下：

$$Z = \frac{I - E(I)}{\sqrt{Var(I)}}$$

（二）空间计量模型

常用的空间面板计量模型包括空间滞后模型、空间误差模型和空间杜宾模型（Anselin，2000）。空间滞后模型包含了被解释变量的内生交互效应，空间误差模型包含了误差项的交互效应，空间杜宾模型是空间误差和空间滞后模型的一般形式，同时包含了内生交互效应与外生交互效应（张晓平和林美含，2020）。考虑到空气污染及其影响因素均具有较强的空间相关性，本章选取空间杜宾模型对大气质量及其影响因素展开分析，公式为：

$$AQI_{it}=\alpha+\rho W\times AQI_{it}+\beta AirTen_{it}+\varphi Z_{it}+\theta^n WX_{it}^n+\mu_i+\omega_t+\varepsilon_{it}$$

其中，i 表示地级及以上城市，t 表示时间，AQI_{it} 为 i 城市 t 时间的空气质量。$AirTen_{it}$ 为"大气十条"政策虚拟变量，X_{it}^n 为自变量，Z_{it} 为控制变量，ρ、β、φ、θ 为回归系数，μ_i 为地区固定效应，ω_t 为时间固定效应，ε_{it} 为误差项。本章关心的核心系数为 β，即实施"大气十条"政策是否对空气质量产生显著影响，并通过交叉项探讨产生影响的机制。

二、变量设定

（一）被解释变量

本章采用月度平均的空气质量指数（Air Quality Index）作为衡量空气质量的标准，该 AQI 指数是 2012 年 3 月国家发布的新空气质量评价标准，污染物监测为 6 项：二氧化硫、二氧化氮、PM10、PM2.5、一氧化碳和臭氧。中国生态环境部通过计算将这 6 项污染物用统一的评价标准呈现。本章通过《中国环境统计年鉴》、中国气象网、中国环境保护数据库等收集了 2013~2018 年全国 288 个城市的年度和月度数据。相较于其他衡量空气质量的标准，AQI 衡量空气污染程度指标中新增了 PM 2.5、一氧化碳和臭氧三项，因此用 AQI 衡量区域空气质量更为综合全面。

（二）核心解释变量

"大气十条"政策：为探讨"大气十条"对空气质量的影响，本章引入"大气十条"政策的虚拟变量。收集了《大气污染防治行动计划》政策颁布之后，各地级市转载并制订市级大气污染防治方案的具体时间，设定某城市颁布方案以后取值为1，否则为0。

空间集聚因素：为衡量人口和产业的集聚对空气治理的影响，本章选取城市群作为衡量空间集聚因素的指标，筛选出地区级以上城市群13个（国家级城市群：京津冀、长三角、长江中游、珠三角以及成渝城市群；区域级城市群：辽中南、江淮、山东半岛、哈长、中原、海峡西岸、关中、北部湾以及天山北坡城市群）。若该城市属于这13个城市群，取值为1，反之为0。

（三）控制变量

已有的研究表明，经济水平、产业和能源结构、环境规制等因素会影响污染排放，本章进一步引入控制变量，控制其对空气污染的影响。

（1）经济发展水平：经济发展水平显著影响环境质量，本章引入城市人均可支配收入衡量经济水平，控制经济发展对环境的影响。

（2）产业结构：工业的发展带来污染排放，而工业生产效率的提高及管理、组织形式的创新有助于缓解环境压力（付恒春等，2019）。引入工业产值比重控制城市产业结构对空气质量的影响，预期符号为正。

（3）高污染产业产值：高污染产业产值的比重增加将增加污染物排放，恶化空气质量。本章依据《中国环境统计年鉴》中各产业对大气污染物贡献率，选取电力热力生产和供应业，黑色金属冶炼和压延加工业，非金属矿物制品业，有色金属冶炼和压延加工业，化学原料和化学制品制造业，石油加工、炼焦及核燃料加工业六大高污染产业，使用所在省区高污染产业产值占工业产值的比重衡量高污染产业对区域空气质量的影响。预期高污染产业产值比重的提高会加剧区域空气污染。

（4）能源消费结构：能源消费结构可能影响空气质量，煤炭消耗比例的提高会增加对环境的压力（东童童等，2019）。本章引入煤炭消费量占化石能源消费量的比重来衡量能源消费结构的影响。预期煤炭消费比重越高的地区空气质量越差。

（5）环境规制强度：地方环境规制强度是影响环境质量的重要因素。环境规制可以规范和限制排污者行为，缓解环境压力（郑云虹等，2019）。本章引入"排污费征收额与地区污染排放量的比重"衡量地区环境规制的强度。

（6）集中供暖情况：由于南北方气候差异，北方地区冬季使用煤炭供暖引起北方地区的大气总悬浮颗粒物明显增加（罗知和李浩然，2018），对空气质量产生较大的影响。本章引入供暖情况虚拟变量，如果城市属于冬季供暖区且处于供暖期，取值为1，否则为0。

变量的描述统计如表5-2所示。采用方差膨胀因子（VIF）进行多重共线性分析，发现高污染产业产值变量的VIF大于7，其余变量的VIF值均较低，表明不存在严重的多重共线性问题。本章将在回归中分类回归，以降低多重共线性的影响。

表5-2　变量的描述性统计

	变量	极小值	极大值	均值	标准差	相关系数	样本数
市级变量	人均GDP（元）	8157	467749	49648.48	31487.21	0.24	1728
	工业产值占比（%）	14.95	87.96	48.56	102.79	0.48	1728
	集中供暖情况	0	1	0.45	0.25	0.04	1728
省级变量	高污染产业产值（%）	21.10	77.85	46.98	2.75	7.01	186
	环境规制强度	0.85	14.30	3.06	3.94	0.06	186
	能源消费结构（%）	17.17	90.60	51.4	3.94	0.47	186

三、数据来源

本章空气质量数据来源于中国气象网和中国环境保护数据库，取月度数据平均值代表地区空气质量。其中，2013 年样本数为 286，其余年份样本数为 288。人均可支配收入、产业结构数据来源于《中国城市统计年鉴》（2012～2018 年），高污染产业产值、排污费征收额、地区污染物排放量来源于《中国工业统计年鉴》、《中国工业经济统计年鉴》（2012～2018 年）。能源消费结构数据来源为《中国能源统计年鉴》（2012～2018 年）。政策实施时间是从各省份政策部门网站查询收集而得。集中供暖情概况数据来源为城市热力公司和官方媒体报道。

四、计量结果分析

（一）空气质量影响因素分析

Moran's I 指数检验结果如表 5-3 所示，2013～2018 年，我国城市空气质量分布的空间集聚程度呈现出先增加后减少的趋势。2013 年 Moran's I 指数为 0.264，2014～2016 年 Moran's I 指数持续增长至 0.388，2018 年回落至 0.363。空气质量指数的空间自相关检验结果均在 1% 的水平上显著为正。表明城市空气质量存在显著空间自相关，空气质量受到周边城市的显著影响。

表 5-3 2013～2018 年大气污染空间自相关检验结果

年份	2013	2014	2015	2016	2017	2018
Moran's I	0.264	0.283	0.378	0.388	0.372	0.363
方差	0.000	0.000	0.000	0.000	0.000	0.000

年份	2013	2014	2015	2016	2017	2018
Z 得分	5.102	5.792	10.078	10.355	8.286	7.731
P 值	0.004	0.008	0.007	0.008	0.012	0.004

空间杜宾模型回归结果如表 5-4 所示。空气质量空间滞后项 ρ 的回归系数显著为正，进一步证实空气质量存在显著的空间自相关关系，城市的空气质量受到邻近地区空气质量的显著影响。结果还显示，"大气十条"政策、城市环境规制强度、产业结构和高污染产业产值对空气质量指数存在显著的影响，符合预期，相比之下，能源消费结构、人均可支配收入和集中供暖情况对空气质量的影响较不明显。

"大气十条"政策的实施能显著降低城市 AQI 指数，说明其对中国城市空气质量的总体改善起到了积极作用。环境规制强度能显著降低区域内的空气污染指数（郑云虹等，2019），说明地方环境规制强度的提升可以促进当地环境的改善。政府可适当提高其管制强度，以降低环境成本，提升当地空气质量水平。

人均可支配收入的直接效应不明显，而其间接效应在 1% 的水平上显著为正。进一步加入二次项后，发现间接效应不显著。表明现阶段中国社会经济水平的提高不利于周边地区空气质量的改善，但其带来的环境污染随着经济水平的发展可能会逐渐减少甚至消失（彭水军和包群，2006）。这也表明我国目前正处于倒"U"形环境库茨涅兹曲线的前半段。

工业产值比重和高污染产业产值均能显著增加空气污染指数，其中工业产值比重的间接效应不显著，高污染产业产值的直接效应和间接效应均在 1% 的水平上显著，表明高污染产业比重增加不仅不利于降低本市的空气质量，还会对相邻城市的空气质量产生负面影响。能源消费结构对城市空气质量的直接效应和间接效应均不显著，这可能是由于数据可得性原因使用省级数据代替的原因。

表5-4　2013~2017年中国空气质量指数影响因素结果

城市群变量	(1)			(2)			(3)		
	系数估计	直接效应	间接效应	系数估计	直接效应	间接效应	系数估计	直接效应	间接效应
"大气十条"政策	-0.055* (-1.46)	-0.051 (-1.59)	-0.008 (-0.97)	-0.031* (-1.16)	-0.026 (-1.08)	-0.012 (-0.83)	-0.034 (-1.28)	-0.028* (-1.15)	0.059 (2.08)
环境规制	-0.044* (-1.56)	-0.045* (-1.76)	-0.007 (-1.24)	-0.045* (-1.66)	-0.044* (-1.65)	-0.007 (-1.31)	-0.042* (-1.46)	-0.044* (-1.59)	-0.008 (-1.08)
能源消费结构	0.003 (2.66)	0.004 (2.84)	0.003 (2.71)	0.003 (2.56)	0.004 (2.84)	0.003 (2.61)	0.009 (3.57)	0.009 (3.41)	0.003 (2.17)
产业结构	0.009*** (3.45)	0.010*** (2.01)	0.001 (1.24)	0.009*** (3.45)	0.010*** (2.01)	0.001 (1.24)	0.008* (1.83)	0.012** (2.11)	0.003 (1.46)
人均可支配收入	0.018 (1.31)	0.011 (1.14)	0.175*** (1.87)	0.016 (1.27)	0.014 (1.38)	0.142** (1.48)	0.021 (1.48)	0.016 (1.41)	0.145** (1.54)
集中供暖情况	0.026 (2.56)	0.017 (2.07)	0.146 (1.41)	0.008 (1.13)	0.211 (2.02)	0.122 (1.37)	0.006 (1.06)	-0.003 (-0.79)	0.0081 (1.12)
高污染产业产值比重							0.021*** (17.43)	0.017*** (16.52)	0.006** (-2.31)
空间集聚因素	0.017*** (1.57)	0.014*** (0.57)	1.411 (0.72)	0.029*** (4.66)	0.029*** (4.94)	-0.015 (-1.12)	0.018** (1.76)	0.022*** (3.24)	-0.007 (-0.92)
"大气十条"×空间集聚				-0.021** (-1.26)	-0.024* (1.32)	0.008 (0.66)	-0.026* (-1.93)	-0.027 (1.33)	0.013 (1.27)
R^2	0.6449			0.6729			0.6146		
ρ	0.143** (2.17)			0.127 (1.59)			0.129* (1.69)		

注：***、**和*分别表示在1%、5%和10%的水平下显著；括号内为t值。

空间集聚因素对大气污染指数的直接效应为正，且在1%的水平上显著，表明以13个城市群为统一标准的集聚水平会加重区域空气污染。模型2和模型3加入"大气十条"与空间集聚变量的交叉项以后，回归系数分别在5%和10%的水平上显著为负，表明高集聚水平有利于环境政策对空气质量的改善作用，空间集聚能有效提高环境治理效率（李勇刚和张鹏，2013；闫逢柱等，2011）。

（二）不同城市群的政策实施效果估计

为衡量不同城市群"大气十条"政策对空气治理的影响，本章选取3个国家级城市群（长三角、珠三角、京津冀城市群）与3个区域级城市群（辽中南、山东半岛、天山北坡城市群）分别进行回归分析。结果如表5-5所示。

表5-5　中国部分城市群空气质量指数影响因素分析

城市群变量	京津冀	长三角	珠三角	辽中南	山东半岛	天山北坡
"大气十条"政策	-0.024* (-1.38)	-0.013* (-0.96)	-0.005 (-0.22)	-0.014 (-0.98)	-0.008 (-0.46)	-0.004 (-0.21)
环境规制强度	-0.004 (0.21)	-0.021 (-1.35)	-0.002 (-0.17)	0.012 (0.94)	0.003 (0.19)	-0.014 (-1.01)
能源消费结构	-0.003 (0.19)	0.099** (2.14)	0.026*** (1.53)	0.011 (0.87)	0.046** (1.83)	0.027** (1.61)
产业结构	0.755*** (6.49)	0.214*** (3.88)	0.097 (2.08)	0.312** (4.97)	0.273 (4.34)	0.116 (2.22)
人均可支配收入	-0.224* (4.08)	-0.741*** (6.43)	0.012 (0.95)	0.008 (0.49)	-0.176 (2.64)	0.239 (4.12)
集中供暖情况	0.007 (0.65)	-0.012 (-0.93)	-0.003 (-0.27)	0.004 (0.21)	0.013 (1.09)	0.014 (1.31)
R^2	0.858	0.736	0.434	0.698	0.822	0.816
log *likelihood*	-7.729	-25.543	-16.383	-14.276	-12.324	-9.736
Rho	0.850	0.549	0.279	0.648	0.711	0.726

注：***、**和*分别表示在1%、5%和10%的显著性水平下显著。

对于京津冀和长三角城市群，"大气十条"政策的实施对于空气污染的改善程度也更高。说明一定程度上的空间集聚水平的提高可以带来政策环境效益的提高。但对于其他城市群，政策的回归系数为负但不显著，表明"大气十条"政策对这些区域空气质量的改善不显著。

人均可支配收入对京津冀和长三角城市群空气质量指数具有显著的负向影响。而对于辽中南、山东半岛以及天山北坡城市群，人均可支配收入对空气污染具有正向影响。这反映了环境库兹涅茨曲线的存在，在经济发展水平较高的国家级城市群，人均收入的提高有助于缓解环境压力，而在经济发展较弱的地区则相反。可以初步判断长江三角洲城市群地区已经跨过环境库茨涅兹曲线的拐点。

工业产值比重的增加对京津冀、长三角以及辽中南城市群空气质量指数具有显著的正向影响。其中，京津冀和长三角地区在1%的显著性水平下通过了原假设。说明工业化进程的推进会加剧城市群及其周边的空气污染，从而不利于环境治理（班斓等，2018）。

煤炭消耗量的增加对长江三、珠三角、山东半岛以及天山北坡城市群空气质量指数具有正向作用，且分别在5%和10%的水平上显著，说明煤炭类能源消耗量的增加加剧了区域空气污染。

第五节　结论与讨论

本章基于2013~2018年全国288个地级市空气质量指数以及相关变量数据，分别利用空间自相关分析及空间计量模型等手段，探讨了"大气十条"政策实施的效应及其影响机制。结果表明：

研究期内，我国城市空气质量整体上有一定的提升，京津冀、成渝、长江中下游等经济发达城市群空气污染强度普遍下降，其中东部沿海和西部地区空气质量改善较大。同时，北京以及东部沿海地区重工业向内陆的转移，加重了其中部地区的环境压力。

空间计量模型的回归结果表明，"大气十条"政策的实施能够显著降低城市空气污染，且空间集聚有助于"大气十条"政策对空气的治理，环境政策在大城市集聚区更有利于发挥规模经济效应，改善空气质量。分城市群的研究也表明对于京津冀和长三角城市群，"大气十条"政策能够显著改善空气质量，其他城市群的政策效应不显著。城市环境规制强度、工业产值比重和高污染产业产值对空气质量指数都存在显著的影响作用，提升环境规制的强度可以促进区域环境的改善。而工业产值比重以及高污染产业产值比重的增加会增加区域内污染物的排放量，从而增加环境压力。

　　分城市群的研究在一定程度上反映了环境库茨涅兹曲线的存在，在我国经济发展水平较高的地区，如京津冀和长三角地区，人均可支配收入的提升有助于缓解环境压力，而经济发展水平相对较低的城市群人均可支配收入的提高会给空气质量带来负面影响。这主要是因为长三角地区通过吸引企业和人口集聚，促进知识外溢和技术进步，从而减少经济活动对环境的负外部性影响，并且说明我国长三角地区已经跨过该曲线的拐点。

　　本章基于详细的月度空气质量数据，通过空间计量模型验证了环境政策对城市空气质量积极影响，并且证实空间集聚有利于环境政策的空间治理，反映了地理空间因素对环境治理的重要性。因此，中央和地方政府在改善环境质量的同时，应适度鼓励加快城镇化和产业集聚进程，适度的集聚有利于环境治理的规模经济效应。

参考文献

　　[1] Anselin L. Computing environments for spatial data analysis [J]. *Journal of Geographical Systems*, 2000 (2): 201-220.

　　[2] Costantini V, Crespi F. Environmental policies and the trade of energy technologies in Europe [J]. *International Journal of Global Environmental Issues*, 2008, 8 (4): 445-460.

［3］　Dean J M，Lovely M E，Wang H. Are foreign investors attracted to weak environmental regulations? Evaluating the evidence from China ［J］. *Journal of Development Economics*，2009，90（1）：1-13.

［4］　Gray W B. The cost of regulation：Osha，epa and the productivity slowdown ［J］. *American Economic Review*，1987，77（5）：998-1006.

［5］　Ritter H，Schopf M. Unilateral climate policy：Harmful or even disastrous? ［J］. *Environmental & Resource Economics*，2014，58（1）：155-178.

［6］　Verhoef E T，Nijkamp P. Externalities in urban sustainability：Environmental versus localization-type agglomeration externalities in a general spatial equilibrium model of a single-sector monocentric industrial city ［J］. *Ecological Economics*，2002，40（2）：157-179.

［7］　Wang J，Wei Y D. Agglomeration，environmental policies and surface water quality in China：A study based on a quasi-natural experiment ［J］. *Sustainability*，2019，11（19）：5394.

［8］　Zhao P，et al. The effect of environmental regulations on air quality：A long-term trend analysis of SO_2 and NO_2 in the largest urban agglomeration in southwest China ［J］. *Atmospheric Pollution Research*，2019，10（6）：2030-2039.

［9］　Zhu S，He C，Liu Y. Going green or going away：Environmental regulation，economic geography and firms' strategies in China's pollution-intensive industries ［J］. *Geoforum*，2014（55）：53-65.

［10］　班斓，袁晓玲，贺斌. 中国环境污染的区域差异与减排路径 ［J］. 西安交通大学学报（社会科学版），2018，38（3）：34-43.

［11］　陈建军，胡晨光. 产业集聚的集聚效应——以长江三角洲次区域为例的理论和实证分析 ［J］. 管理世界，2008（6）：68-83.

［12］　东童童，邓世成，晏琪. 中国能源消费结构与雾霾污染的关系——基于中国省域空间数据的分析与预测 ［J］. 资源与产业，2019，21（6）：69-81.

［13］　付恒春，薛晔，王慧雯. 环境规制视角下中国 SO_2 排放的空间效应研

究［J］. 生态经济，2019，35（9）：187-193.

［14］郭庆. 环境规制政策工具相对作用评价——以水污染治理为例［J］. 经济与管理评论，2014，30（5）：26-30.

［15］李勇刚，张鹏. 产业集聚加剧了中国的环境污染吗——来自中国省级层面的经验证据［J］. 华中科技大学学报（社会科学版），2013，27（5）：97-106.

［16］刘习平，宋德勇. 城市产业集聚对城市环境的影响［J］. 城市问题，2013（3）：9-15.

［17］卢洪友，刘啟明，徐欣欣，等. 环境保护税能实现"减污"和"增长"么？——基于中国排污费征收标准变迁视角［J］. 中国人口·资源与环境，2019，29（6）：130-137.

［18］陆铭，冯皓. 集聚与减排：城市规模差距影响工业污染强度的经验研究［J］. 世界经济，2014（7）：86-114.

［19］罗知，李浩然. "大气十条"政策的实施对空气质量的影响［J］. 中国工业经济，2018（9）：136-154.

［20］彭水军，包群. 经济增长与环境污染——环境库兹涅茨曲线假说的中国检验［J］. 财经问题研究，2006（8）：3-17.

［21］王兵，聂欣. 产业集聚与环境治理：助力还是阻力——来自开发区设立准自然实验的证据［J］. 中国工业经济，2016（12）：75-89.

［22］王金南，雷宇，宁淼. 改善空气质量的中国模式："大气十条"实施与评价［J］. 环境保护，2018，46（2）：7-11.

［23］闫逢柱，苏李，乔娟. 产业集聚发展与环境污染关系的考察——来自中国制造业的证据［J］. 科学学研究，2011，29（1）：79-83.

［24］杨立华，常多粉，张柳. 制度文本分析框架及制度绩效的文本影响因素研究：基于47个大气污染治理法规政策的内容分析［J］. 行政论坛，2018，25（1）：96-106.

［25］余长林，高宏建. 环境管制对中国环境污染的影响——基于隐性经济

的视角 [J]. 中国工业经济，2015（7）：21-35.

[26] 张健. 不同经济发展阶段区域经济发展差异比较 [J]. 中国人口·资源与环境，2009，19（6）：148-153.

[27] 张可，豆建民. 集聚与环境污染——基于中国 287 个地级市的经验分析 [J]. 金融研究，2015（12）：32-45.

[28] 张晓平，林美含. 中国城市空气污染区域差异及社会经济影响因素分析——基于两种空气质量指数的比较研究 [J]. 中国科学院大学学报，2020，37（1）：39-50.

[29] 赵新峰，袁宗威. 区域大气污染治理中的政策工具：我国的实践历程与优化选择 [J]. 中国行政管理，2016（7）：107-114.

[30] 郑云虹，高茹，李岩. 基于环境规制的污染企业区际间转移决策 [J]. 东北大学学报（自然科学版），2019，40（1）：144-149.

第六章 污染企业空间扩张的时空过程与影响因素

——以长三角为例

第一节 引言

污染产业转移现象已成为被社会广泛关注的现实问题。党的十八大召开以来，我国积极履行大国责任、落实减排承诺，明确以"减污降碳协同增效"为总抓手，打好"污染防治攻坚战"。然而，在区域层面上，污染产业转移已成为部分地区减污降碳的重要举措。污染企业的搬迁、扩张等迁移现象广泛存在，尤其是基于股权投资的企业空间扩张较为隐蔽，易于被学界、地方政府和公众忽视。

在此背景下，环境规制相对较弱的地区可能成为"污染避难所"，承受巨大的污染暴露风险和健康风险。以长三角地区为例，在"十三五"期间从事化工、钢铁、造纸等行业的污染企业由上海、苏南、浙北等发达地区扩张到苏北、皖北等欠发达地区的频次占区域内全部污染企业扩张频次的比例超过60%。在差异化的区域发展战略下，污染产业出现空间重构，污染企业也呈现了不同的扩张路径。

污染企业的空间扩张是污染企业迁移的方式之一，也是环境经济地理学和企业地理学的重要研究议题。已有的研究主要从三个方面展开：①基于污染产业规模、结构的变动，探究污染产业地理格局的变化（王亚平等，2019；黄磊和吴传清，2022）。由于缺失区域间实际产业流向的数据，难以识别区域之间真实的污染产业转移关系。②基于实地调研和案例分析，对部分地区、企业或上市企业进行分析（刘颖等，2014），但难以从整体上分析各类污染企业的扩张路径。③受限于关系型数据的缺失，相关研究将完整的污染企业迁移过程拆分成企业进入与退出行为，关注"地方特性"因素对企业进入和退出的影响（翁鸿妹等，2022），但难以考察企业在区域间的流动情况，因而无法探讨区域间关联性因素的影响。

　　长三角地区是当代中国制造业最密集的区域之一。随着产业转型升级，长三角地区的污染企业也出现空间重组和迁移趋势。本章以长三角地区为研究对象，利用"企查查"数据库提供的全样本企业扩张数据，引入定量模型和定性分析，探讨污染企业空间扩张的时空过程与影响机制。该研究既有剖析新时期污染企业扩张路径与动力机制的现实需求，又有推动环境经济地理学与企业地理学、关系经济地理学等分支学科交叉融合的理论需求。

第二节　文献综述与理论框架

一、"多部门企业"组织方式下的污染企业空间扩张

　　污染企业迁移的方式主要包括整体搬迁、异地新建、兼并收购三种方式（李王鸣等，2004；袁丰等，2012；刘颖等，2014）（见表6-1）。也有学者提出，迁移生产基地和工序外包属于污染企业迁移行为（李松志，2009；戴其文等，

2020）。迁移生产基地是通过股权投资和兼并收购得以实施，而工序外包的合作方与企业主体之间并不必然存在隶属关系，更多的只是业务上的合作关系，不应属于污染企业的迁移行为。目前，以"多部门、多区位、多价值链"为特征的集团式企业已成为主流的企业空间组织形式（李小建和苗长虹，2004）。集团式企业可以通过跨地区的股权投资设立子公司和分公司实现空间扩张。特别是污染企业实施空间扩张发生在集团式企业内部，比整体搬迁更加隐蔽，更容易被忽视。

表 6-1　污染企业迁移的主要方式

迁移方式	迁移内容
整体搬迁	分两种情形：①企业名称不变，但注册地变更；②投资人将原企业关停，并在其他区域注册成立新企业，企业名称和注册地均发生变化
建立下属公司	企业通过设立分公司或控股子公司在其他区位上扩张部分产业环节
兼并收购	企业利用资本通过收购、并购等方式获取其他企业的股权，从而以参股或控股的方式在异地设立子公司

资料来源：依据李王鸣等（2004）、刘颖等（2014）、袁丰等（2012）的研究整理。

目前，这种"集团式企业内部的污染迁移"已成为学界关注的前沿问题。Rijal 和 Khanna（2020）发现，美国的集团式企业内部存在污染替代行为，即如果一家合规工厂有一个相同行业的"姊妹工厂"，则后者有毒气体排放量会增加为 35~56%。国内的环境经济学领域的学者认为，集团式企业的内部存在"污染避难所"，位于高排污费标准地区的企业会将部分生产环节转移至低排污费标准地区的企业中（宋德勇等，2021）。从投资数量和地理距离来看，母公司所在地环境规制提高使企业异地子公司数量显著增加、分布更分散、母子公司距离更远（王伊攀和何圆，2021）。然而，由于投资、股权、分支机构等企业层面的"关系型数据"缺失，大部分研究无法分析企业背后的集团背景，企业间投资联系和价值链分工成为该领域研究的"黑箱"。国内学者推动该领域研究主要依赖于上市公司数据。但是，上市公司在信息披露、环境监测等方面受到严格监管，治污能力相对较高（陶克涛等，2020；宋德勇等，2021）。相比之下，学界更需要开展大样本的分析，特别是具有"小散乱污"特点的企业样本。

二、地方政府因素与污染企业空间扩张

已有研究基于不同视角，提出了污染企业扩张的诸多影响因素，主要包括政府与政策因素、产业发展环境、地理区位因素等方面，具体如环境规制、产业升级、对口帮扶等。

首先，环境规制政策是引发污染企业空间扩张的核心动力。由于区域间存在"逐底竞争"，因此区域间的环境规制强度存在差异（王伊攀和何圆，2021），污染企业倾向于环境规制标准相对较低的地区。但环境规制的作用存在差异性，有的研究认为环境规制对污染企业迁出的影响呈"U"形（孔令丞和李慧，2017）或倒"N"形特征（张彩云等，2018）。此外，环境规制的作用存在门槛效应，当区域经济发展水平较低时，加强环境规制会抑制污染企业迁入；当环境规制达到特定门槛时，会促进企业技术创新，吸引企业迁入（彭文斌和李昊匡，2016）。其次，产业升级在污染企业转移中起着重要作用。随着长三角地区进入后工业化时期，各城市已经进入经济转型和产业升级的新阶段。产业升级成为各地方政府的产业政策的主导方向，但是产业升级政策随着地区发展阶段的差异而存在差异，上海、苏州、杭州、南京等中心城市产业升级力度较大，较落后地区的产业升级力度较弱。产业升级力度较大的地区更容易将污染产业转移到落后地区。再次，在财政分权的背景下，地方官员可能"偏袒"污染企业，阻碍污染企业的迁出（Lyu et al.，2020；Jiang et al.，2021），甚至为增加税收而引入高污染产业。但随着环境因素逐步纳入地方政府的考核指标，这种变动可能对污染企业流动产生复杂的影响。本章通过引入来源地和目的地的地方官员特征，来衡量其对污染企业空间扩张的影响。最后，政府间的对口帮扶政策可以帮助企业快速嵌入地方网络，降低企业的经营成本。本章通过引入长三角地区城市间对口帮扶虚拟变量探讨，来对该政策的影响。

三、产业发展环境、地理区位与污染企业空间扩张

污染企业的空间扩张会综合考虑成本和效益（王立彦，2015）。现有研究总体上论证了产业集聚、劳动力成本、出口环境、城市创新能力、经济发展水平等因素能够影响污染企业流向（苏红岩和李京梅，2017）。此外，产业集群的"锁定效应"会减缓污染企业的扩张速度（李松志，2009；吴伟平，2015）。

地理区位因素包含地方特性和区域间关联性因素。其中，地方特性因素主要包括河流沿线、港口优势、资源禀赋、区域边界等（曾文慧，2008）。在城市内部，污染企业由中心城区集聚转向近郊区、边界地带（沈静等，2022）；在省域内部，污染企业具有流向边界城市的倾向，且特别偏好在省域内的重要水系的下游（沈坤荣和周力，2020）。此外，流入地与流出地之间的多维邻近性也会影响污染企业扩张（刘庆林等，2011；王怀成等，2014）。地理距离、文化距离、制度距离越近越有利于污染企业扩张。相近的制度距离可以有效缩短企业的交易成本。但总体而言，现有研究对区域间关联性对污染产业转移影响的研究相对较少。

本章认为，有必要基于多尺度视角分析污染企业的空间扩张（见图6-1）：①从区域间角度来看，污染企业空间扩张是由企业从来源地到目的地的投资流向、产业流向构成的"流空间"网络。这种流动性既受到来源地、目的地的地方特性的影响，又受到区域间关联性的影响。②从企业个体来看，企业的空间扩张是在"集团式企业"的空间组织下进行的。在这种具有多部门、多区位、多价值链特征的企业空间组织中，企业能够综合考量区位因素进行区位选择。③从污染企业的来源地来看，在内外部多种区位因素的共同影响下，污染企业的区位决策呈现多样化：一是在本地就地升级改造；二是整体搬迁至其他城市；三是通过设立控股子公司、分公司实现空间扩张。

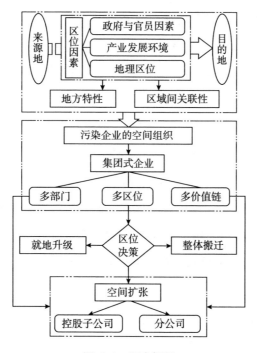

图 6-1　研究框架

总之，地方特性和区域间关联性对污染企业的扩张发挥重要作用。现有研究以环境规制为核心开展分析，缺乏对区域综合性因素的判断（贺灿飞和毛熙彦，2021），更缺少对区域间关联性因素的分析。为此，本章重点从"区域关联性"的视角出发，探究污染企业空间扩张的时空演化和影响因素。

第三节　数据处理与分析方法

一、数据来源

企业名录数据和企业间投资关系数据主要来源于 2001～2018 年"企查查"

企业信用信息查询平台（以下简称"企查查数据库"）中的数据。该数据库提供的信息包含企业名称、法人名称、统一社会信用代码、企业地址、成立时间、经营状态、行业类别、主营业务、注册资本、股权比例、股东信息、对口投资企业、投资数额、最终受益人、知识产权等。

城市层面的经济社会统计数据，包括工业废水和工业 SO₂ 排放量、规模以上工业总产值、出口总额、人均工资、土地平均出让价格等数据，主要来源于各省份的统计年鉴、《中国国土资源年鉴》、EPS 中国城市数据库等。

地方方言数据来源于《中国各县区方言归属》（刘毓芸等，2015）；地方官员属性数据来源于中国政治精英数据库（CPED）（Jiang，2018）；城市间对口帮扶关系数据由作者依据各地区官方文件收集。

二、界定污染产业

污染产业是指在生产过程中若不加以治理则会直接或间接产生大量污染物，从而对人类、动植物有害，促使环境恶化的产业（Walter and Ugelow，1979）。目前，对污染产业的界定方法包括：第一，官方文件法，依据国家和相关部委发布的官方文件，如 2003 年国家环保总局发布的《关于对申请上市的企业和申请再融资的上市企业进行环境保护核查的通知》，国务院发布的《第一次全国污染源普查方案》。第二，总量法或强度法，依据污染排放总量或强度，通过设定阈值选定污染产业（仇方道等，2013；田光辉等，2018）。第三，成本法，依据治污成本占总成本的比重选定污染产业（陆旸，2009）。本章选取上述三种方法涉及的产业门类，具体包括：煤炭开采和洗选业，石油和天然气开采业，黑色金属矿采选业，有色金属矿采选业，非金属矿采选业，开采专业及辅助性活动，其他采矿业，农副食品加工业，食品制造业，酒、饮料和精制茶制造业，纺织业，皮革、毛皮、羽毛及其制品和制鞋业，造纸和纸制品业，石油、煤炭及其他燃料加工业，化学原料和化学制品制造业，医药制造业，化学纤维制造业，橡胶和塑料制品业，非金属矿物制品业，黑色金属冶炼和压延加工业，有色金属冶炼和压延加工业，金属制品业，电力和热力生产业①。属于污染产业的企业为污染型企业。

三、识别污染企业的空间扩张

本章将基于绿地投资、兼并收购建立跨区域的下属公司视为企业空间扩张行为。具体识别步骤为：

（1）在"企查查"数据库中，筛选出长三角地区 23 个污染产业的企业名录。

（2）收集上述每一家企业的对外控股投资信息（股比达到 50% 以上）和分公司信息。每一家污染企业可能在跨区域成立多家控股子公司和分公司。

（3）将上述"一对多"的投资关系转化为"一对一"的污染企业空间扩张关系。本章共识别 5840 次污染企业的空间扩张。

（4）将上述企业"关系对"汇总并转化为设区市的"关系对"，以此形成了由 41 个设区市作为节点的有向关联网络，设区市之间发生污染企业扩张的频次作为网络权重。

四、模型设定与变量选择

本章重点探讨区域间关联性因素如何影响污染企业进行空间扩张。在长三角地区，建立设区市之间的关系矩阵，以城市之间污染企业发生空间扩张的频次作为被解释变量，以城市属性和城市间各类关系型变量为解释变量建立模型。由于被解释变量为计数变量，本章采用泊松模型或负二项模型等计数模型进行分析。其中，泊松模型的原假设之一是被解释变量的期望与方差相等。经测算，本章所使用的样本方差是均值的 3.7 倍（均值为 0.185，方差为 0.685），被解释变量存

---

① 在"电力热力生产和供应业"中，电力和热力的供应业污染排放量较小，且主要包括的是供电公司和供电服务站等部门。因此，在数据处理中将电力和热力的供应业企业剔除，只保留从事电力和热力生产的企业。

在"过度分散"现象。负二项回归模型的结果也显示，Alpha 的置信区间为（1.654，2.061），可以在1%的显著性水平上拒绝不存在过度分散的原假设，所以本章采用负二项回归模型进行分析。

基于前述理论分析，本章主要从政策与官员因素、产业发展环境、地理区位三个方面考察污染企业空间扩张的影响机制。表6-2 展示了解释变量的分类、测算及取值方式。

表6-2　解释变量定义与计算方法

类别	变量	测算方法	取值方式
政策与官员因素	环境规制强度	综合排放系数的倒数	I
	产业升级政策	轻度污染产业企业的比重	I
	来源地的强激励型官员特征	市委书记是否为未满55周岁，且不是上级行政单位党委常委。如果是取值为1，否则为0	II
	目的地的强激励型官员特征		II
	对口帮扶政策	两个城市是否存在对口帮扶关系，如果是取值为1，否则为0	II
产业发展环境	规模以上工业总产值	原始值	I
	土地出让平均单价	原始值	I
	劳动力成本	城市层面的职工平均工资	I
	地区出口强度	原始值	I
	集聚水平	采用城市内部污染企业的数量	I
	城市开发强度	建设用地占行政区域总面积的比例	I
	区域创新能力	全部发明专利授权数	I
地理区位	地理邻近性	地理距离	II
	制度邻近性	是否同一省份	II
	文化相似性	如果两个城市同属于一个方言区文化相似性取值为1，否则为0	II
	地形差异	城市层面的平均坡度	I
	港口优势	如果城市拥有港口取值为1，否则为0	I
	省际边界城市	如果城市属于省际边界城市或沿海城市取值为1，否则为0	I

注：取值方式是 I 表示目的地的数值减去来源地的数值，II 为变量的原始值。

参考已有相关研究（沈坤荣等，2017；叶琴等，2018），采用污染物综合排放系数的倒数衡量环境规制水平。具体测算步骤如下：

（1）对各城市的单位产值的工业废水和工业二氧化硫排放量进行线性标准化[①]。

$$PE_{ij}^* = \frac{PE_{ij} - \min(PE_j)}{\max(PE_j) - \min(PE_j)}$$

其中，PE_{ij} 为 i 城市 j 污染物的单位产值污染物排放量，$\max(PE_j)$ 和 $\min(PE_j)$ 为各指标在所有城市中的最大值和最小值，PE_{ij}^* 为指标的标准化值。

（2）由于不同城市、不同类别污染物排放量可能存在较大差异，使用调整系数反映污染物特性差异。调整系数为 $W_j = PE_{ij}/\overline{PE_j}$，其中 $\overline{PE_j}$ 为样本期间内 j 污染物单位产值排放的城市平均水平。

（3）测算城市层面的综合排放系数 EI_i。

$$EI_i = \frac{1}{2} \cdot \sum_{i=1}^{2} W_j \cdot PE_{ij}^*$$

其中，EI_i 是污染物综合排放系数，表示单位产值所需要排放的污染物综合强度，主要体现所在地对生产过程中污染排放的容忍程度。EI_i 越大，表明当地的环境规制越弱。采用 EI_i 的倒数衡量环境规制强度，选择企业转出地和转入地环境规制强度之差衡量环境规制强度的差异性。

第四节　污染企业空间扩张的时空演化特征

改革开放以来，江浙沪等地在经历了"村办企业""乡镇企业""开发区热"等投资热潮后，企业跨地区投资逐渐增多，污染企业空间扩张也更加频繁。这种空间调整伴随着宏观政策变化和地区产业发展阶段不断演化。下文将总结分析

[①]　由于工业粉尘数据存在严重的缺失问题，为保证样本完整性，本章未采用该指标。

2000 年以后长三角地区污染企业空间扩张的时代背景及时空演化特征。为便于分析，对江苏、浙江、安徽分别细分为苏南、苏中、苏北，浙东、浙北、浙西南以及皖南、皖中、皖北地区① （见图 6-2）。

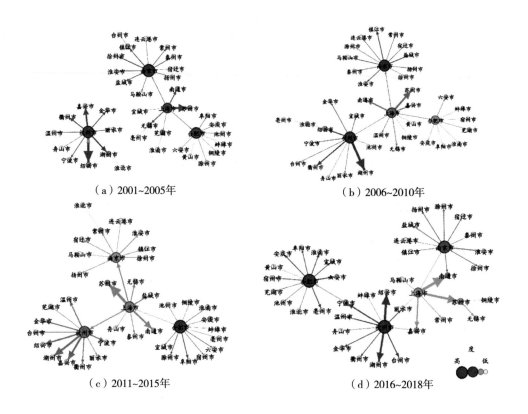

（a）2001~2005年　　　　　　　（b）2006~2010年

（c）2011~2015年　　　　　　　（d）2016~2018年

图 6-2　长三角污染企业空间扩张的流向

　　长三角地区污染企业的空间扩张路径总体呈现出"邻近式扩张—省内邻近式到省内远距离扩张—省内扩张为主，省际扩张为辅—省内和省际并行扩张"的演

---

① 江苏省分为：苏南地区（苏州、无锡、常州、南京、镇江）、苏中地区（扬州、泰州、南通）、苏北地区（徐州、宿迁、淮安、盐城、连云港）；安徽省分为：皖北地区（蚌埠、淮南、淮北、宿州、阜阳和亳州）、皖中地区（合肥、安庆、滁州、六安）、皖南地区（芜湖、马鞍山、铜陵、宣城、池州和黄山）；浙江省分为：浙东沿海地区（宁波、绍兴、舟山、台州）、浙北地区（杭州、嘉兴、湖州）、浙西南地区（温州、丽水、衢州、金华）。

化过程。

（1）从扩张流向来看，江苏和浙江长期在省内发生污染企业扩张；上海持续对江苏扩张；2000年以后，上海开始加强对浙江扩张，浙江加强对江苏扩张。江苏的土地、电力供应成本低于浙江，也成为上海、浙江企业外迁的主要区域。2005年以后，浙江、江苏对安徽的扩张持续增加。尤其是对于浙江而言，其对皖南地区的扩张频次超过苏南和苏北。

（2）从企业扩张的来源地和目的地来看，上海是最主要的来源地，南京、苏州、杭州、合肥等省会城市或中心城市也相继成为污染企业的主要来源地。分省（市）来看，上海在2005年之前主要对苏南、浙北进行扩张，后期，苏北、苏中、浙东、皖北的扩张数量快速增加。江苏企业的扩张早期以苏、锡、常地区内部的转移为主。2005年以后，苏南向苏北地区的扩张成为长三角地区最主要的扩张流向。2010年以后，苏南对皖南、皖北地区的扩张逐渐增加。安徽省长期在省域内部扩张，最主要的流向是从皖中地区到皖北地区。浙江企业以浙北地区内部扩张为主，且以从杭州到嘉兴、湖州等地为主。2010年以后，更多企业投资到温州、宁波、丽水等浙东和浙西南地区。

（3）从政策背景来看，污染企业扩张路径与产业升级、环境规制、对口帮扶等政策密切相关。①产业升级政策，江苏相继提出了《江苏省传统产业升级计划》《苏南国家自主创新示范区案例》等政策，鼓励苏南企业加快"南北产业梯度转移"、实施搬迁改造。浙江先后实施"浙商回归""湖州省际承接产业转移示范区"等政策。上海市发布"产业结构调整重点工作安排"。产业升级政策整体上推动了上海、苏南、浙北地区污染企业的外迁。②环境规制政策，近年来，江苏大幅度提高了该省对苏南地区污染企业整治的力度。之后又实施了"263专项环境整治行动"①、浙江省"811"环境污染整治行动、上海市的"清洁空气行动计划"。③对口帮扶政策。江、浙、皖三省相继开展了省内对口帮扶政策，如

---

① 《省政府办公厅关于印发江苏省"两减六治三提升"专项行动实施方案的通知》（苏政办发〔2017〕30号）。

江苏省的"南北挂钩帮扶"政策①、浙江省的"山海协作"计划②、安徽省的"合作共建皖北现代产业园区"③。这些政策旨在推动区域间协调发展，但也引发了部分污染企业由发达地区流入苏北、皖北等欠发达地区。

第五节　污染企业空间扩张的影响因素

一、基准模型的估计结果

如表6-3所示，模型（1）对全样本进行回归分析，大部分变量显著影响重污染企业的空间扩张。环境规制因素、产业升级政策、来源地的强激励型官员、土地平均价格、城市开发强度、地理距离、地形差异、沿海和省际边界的区位优势等因素具有较高统计显著性和经济显著性。2012年党的十八大提出了"生态文明建设"，此后各级政府的环境规制力度均大幅度提高，污染企业空间扩张的频次和目的地数量广泛增加。为此，在基准模型的基础上，以2012年为界对样本进行时间异质性分析，能够发现上述因素在2012年之前［模型（2）和2012年及以后模型（3）］的影响作用存在差异。

（1）政策与官员因素。区域间产业升级政策差异的显著性水平始终较高。环境规制强度系统在两阶段的差异表明，"污染避难所效应"并非普遍存在，在2012年及以后该效应才具有统计显著性。来源地的强激励型官员更能够推动污染企业的外迁。但是，在2012年及以后，目的地的强激励型官员更可能推动污

---

① 《中共江苏省委江苏省人民政府关于进一步加快苏北地区发展的意见》（苏发〔2001〕12号）。挂钩关系对：南京—淮安、苏州—宿迁、无锡—徐州、镇江—连云港、常州—盐城。

② 《浙江省环境污染整治行动方案》（浙政办发〔2004〕102号）。

③ 《关于合作共建皖北现代产业园区的实施方案》。

染企业在该地区落户，即在整体性环境规制水平提高下，欠发达地区获得更多的污染企业落户的机会，这可能也成为这些地区通过引入污染企业加快经济发展的一种途径。对口帮扶政策在5%的统计显著性水平上推动污染企业的空间扩张，这与前文有关江苏、浙江的对口帮扶下的污染企业空间扩张的事实相对应。

（2）产业发展环境。2012年之前，仅有城市开发强度的差异性能够推动污染企业的空间扩张；2012年及以后，主要是营利性因素和成本因素推动污染企业外迁，主要体现在土地成本、劳动力成本和产业集聚三个方面。这表明，在2012年之前，污染企业外迁主要受到以土地资源为核心的资源约束，而2012年及以后主要考虑企业营利性因素和成本因素。

（3）地理区位。2012年之前，省际边界城市获得了更多的区域，这也与相关研究关注的"边界效应"相吻合。2012年以后，地理距离和港口优势两个变量显著。港口城市具有更大的进出口优势，特别是具有更大的排污便利性，成为污染企业的重要备选地。

表6-3　基准模型与时间异质性分析

类别	变量	(1)	(2)	(3)
		全样本	2012年以前	2012年及以后
政策与官员因素	环境规制	-0.001*** (-4.903)	-0.000 (-0.533)	-0.001*** (-3.688)
	产业升级政策	-3.021*** (-3.554)	-6.311** (-2.194)	-5.244** (-2.504)
	来源地的强激励型官员	0.107** (2.001)	0.011 (0.115)	0.322*** (4.186)
	目的地的强激励型官员	0.003 (0.070)	-0.085 (-1.097)	0.181*** (2.763)
	对口帮扶	0.778** (2.242)	-0.714 (-0.826)	-0.379 (-0.390)

续表

类别	变量	(1)	(2)	(3)
		全样本	2012年以前	2012年及以后
产业发展环境	规模以上工业总产值	-0.000** (-2.069)	-0.000 (-0.276)	0.000 (0.658)
	土地出让平均单价	-0.970*** (-8.213)	-0.567 (-1.230)	-0.669*** (-4.521)
	劳动力成本	-0.117** (-2.458)	0.166 (1.319)	-0.110* (-1.682)
	区域出口强度	1.562** (2.431)	0.575 (0.406)	0.142 (0.075)
	产业集聚	-0.213* (-1.688)	-0.284 (-0.623)	-0.683*** (-2.718)
	城市开发强度	-1.545*** (-3.078)	-3.540* (-1.705)	-0.651 (-1.109)
	区域创新能力	-0.139 (-1.036)	-0.252 (-0.548)	-0.212 (-0.687)
地理区位	地理距离	-0.005*** (-4.740)	0.004 (0.363)	-0.006*** (-3.089)
	是否本省	-0.564* (-1.819)	-12.006 (-0.023)	-0.062 (-0.113)
	文化相似性	-0.053 (-0.185)	0.361 (0.261)	0.011 (0.019)
	地形差异	-0.197*** (-3.213)	-0.228 (-0.596)	-0.169 (-1.386)
	港口优势	0.612*** (3.079)	0.551 (0.854)	0.761* (1.717)
	省际边界城市	0.682*** (3.063)	1.563* (1.876)	0.707 (1.503)
	_cons	2.263*** (4.756)	13.406 (0.026)	2.460*** (3.142)
	N	10864	4878	2950

注：***、**和*分别表示在1%、5%和10%的水平下显著。

综上可知,污染企业流向的区位因素由以土地资源的不足扩展到地价、劳动力成本、产业集聚等营利性因素。此外,在地理区位方面,污染企业由倾向于转移到省际边缘区域转向沿海港口城市。

二、行业异质性分析

进一步分行业进行回归分析,区分电力热力生产和供应业、食品制造业、金属制品业和医药与化工产业样本,并分别引入模型进行分样本估计①(见表6-4)。其中本章基于行业的相关性,将化学原料和化学制品制造业、橡胶和塑料制品业、医药制造业合并为"医药与化工产业"。

表6-4 行业异质性分析

类别	变量	(4) 电力热力生产和供应业	(5) 食品制造业	(6) 金属制品业	(7) 医药与化工产业
政策与官员因素	环境规制	-0.001* (-1.888)	-0.002*** (-3.196)	-0.000 (-0.897)	0.000 (0.472)
	产业升级政策	2.213 (1.418)	1.130 (0.200)	-3.115 (-1.178)	-2.253 (-0.975)
	来源地的强激励型官员	0.308*** (2.746)	-0.117 (-0.432)	-0.118 (-0.907)	-0.038 (-0.339)
	目的地的强激励型官员	0.064 (0.660)	0.238 (1.001)	-0.042 (-0.376)	-0.086 (-0.891)
	对口帮扶	1.066* (1.833)	16.742 (0.009)	0.219 (0.170)	-0.127 (-0.170)

---

① 部分产业门类由于样本量不足,无法得出有效的回归结果,因而未纳入行业异质性分析中。

续表

类别	变量	(4) 电力热力生产和供应业	(5) 食品制造业	(6) 金属制品业	(7) 医药与化工产业
产业发展环境	规模以上工业总产值	0.001 ** (1.969)	0.001 (0.005)	-0.001 ** (-2.445)	-0.001 *** (-3.005)
	土地出让平均单价	-0.616 *** (-2.678)	-0.040 (-0.070)	-0.928 *** (-3.255)	-0.919 *** (-3.822)
	劳动力成本	-0.569 *** (-5.914)	-0.478 ** (-2.002)	-0.090 (-0.785)	0.033 (0.331)
	区域出口强度	5.771 *** (3.603)	-3.852 (-1.167)	1.064 (0.750)	2.680 ** (2.246)
	产业集聚	-0.924 *** (-3.868)	1.250 ** (2.019)	-0.031 (-0.114)	0.160 (0.649)
	城市开发强度	-4.243 *** (-3.388)	-2.278 (-0.686)	0.300 (0.287)	-0.134 (-0.155)
	创新能力	-1.984 *** (-6.972)	-0.507 (-0.714)	0.301 (0.973)	0.283 (1.071)
地理区位	地理距离	-0.003 (-1.592)	-0.004 (-0.347)	-0.004 (-1.088)	-0.012 (-1.487)
	是否本省	0.230 (0.635)	-11.264 (-0.013)	0.752 (0.702)	-15.043 (-0.496)
	文化相似性	-0.167 (-0.431)	1.978 (0.891)	1.484 (1.139)	3.655 (0.530)
	地形差异	-0.054 (-0.715)	0.101 (0.090)	-0.097 (-0.386)	0.054 (0.056)
	港口优势	0.865 *** (3.251)	-1.326 (-0.651)	0.972 (1.327)	2.874 (0.486)
	省际边界城市	0.177 (0.688)	-0.106 (-0.075)	-1.458 (-0.816)	1.725 (0.735)
_cons		-1.808 *** (-2.958)	9.041 (0.010)	0.616 (0.480)	17.768 (0.583)
N		5278	1414	4088	5012

注：*** 表示 p<0.01，** 表示 p<0.05，* 表示 p<0.1。

在政策与官员因素中，环境规制政策对电力热力生产和供应业、食品制造业的影响更加显著。来源地的强激励型官员能够强有力地推动电力热力生产和供应业企业从本地退出。

　　在产业发展环境因素中，工业总产值较高的区域更容易吸引电力热力生产和供应业，这主要因为此类区域需要电力热力生产和供应业为本地的工业企业提供电力、热力配套；金属制品业、医药与化工产业更容易扩张到工业发展水平较低的地区。这四类行业门类受到其他产业发展环境的影响存在差异性：电力热力生产和供应业企业受到各类因素的共同影响；食品制造业主要受劳动力价格优势的影响；金属制品业、医药与化工产业的偏好较为相似，更容易扩张到土地成本较低的区域。在地理区位因素中，主要发现电力热力和供应行业更容易扩张到存在港口的地区。

第六节　结论与讨论

　　本章基于"企查查"企业间投资数据，对污染企业空间扩张的时空演化与影响因素进行探究，主要发现从扩张路径来看，长三角地区的污染企业经历了"邻近式扩张—省内邻近式到省内远距离扩张—省内扩张为主，省际扩张为辅—省内和省际并行扩张"的演化过程。面板负二项回归模型的估计结果表明，污染企业空间扩张的区位因素由产业升级扩展到地价、劳动力成本、产业集聚等营利性因素，由倾向于省际边缘区域转向沿海港口城市。

　　本章的主要贡献在于，探索性地使用企业间投资关系数据，深入"集团式企业"的内部，从"区域间关联性"的视角观测污染企业的扩张行为。现有研究主要观测产业地理格局的演变，无法挖掘其内部的企业流动性；或将污染企业割裂为企业进入和退出行为，关注"地方性"因素的影响。本章的研究方法和数据弥补了上述不足。此外，本章论证了环境规制引发的"污染避难所假说"并不具有普遍性，在长三角地区仅在 2012 年及以后才产生效应。

本章的实证发现具有一定的政策含义：首先，应建立面向公平正义的环境规制体系，避免因环境规制的差异造成污染企业的外迁。其次，应完善对口帮扶政策的环境监测机制。污染企业在对口帮扶政策之下正在将企业扩张到欠发达地区。原本为了提高欠发达地区经济社会发展的对口帮扶政策，却成为污染企业和污染物的"传输通道"，这需要特别警惕。为此，有必要在对口帮扶政策的制定和执行过程中强化环境监测机制。最后，将污染企业的来源作为生态补偿与技术补偿的依据之一。在参考美国《超级基金法》、北欧四国"深绿色"革命等做法的基础上，建立污染企业及利益相关者的终身环境跟踪监测制度。

本章还存在一定的不足。一是缺少对污染企业整体搬迁、设区市内部迁移等方式进行分析；二是现有研究主要依赖于行业门类的分析，分类不够精细。由于产业内部技术水平的差异，特别是在价值链分工背景下，虽同属于一个产业门类，污染排放程度可能存在较大差异。因此，未来的研究中可以进一步使用企业层面的污染排放数据，剖析不同价值链环节的污染排放强度。

参考文献

[1] Jiang C, Zhang F, Wu C. Environmental information disclosure, political connections and innovation in high-polluting enterprises [J]. *Science of the Total Environment*, 2021, 764 (10): 1-8.

[2] Jiang J. Making bureaucracy work: Patronage networks, performance incentives and economic development in China [J]. *American Journal of Political Science*, 2018, 62 (4): 982-999.

[3] Lyu S, Shen X, Bi Y. The dually negative effect of industrial polluting enterprises on China's air pollution: A provincial panel data analysis based on environmental regulation theory [J]. *International Journal of Environmental Research and Public Health*, 2020, 17 (21): 1-26.

[4] Rijal B，Khanna N. High priority violations and intra-firm pollution substitution [J]. *Journal of Environmental Economics and Management*，2020（103）：102359.

[5] Walter I，Ugelow J L. Environmental policies in developing countries [J]. *Ambio*，1979，8（2）：102-109.

[6] 仇方道，蒋涛，张纯敏，等. 江苏省污染密集型产业空间转移及影响因素 [J]. 地理科学，2013，33（7）：789-796.

[7] 戴其文，杨靖云，张晓奇，胡森林. 污染企业/产业转移的特征、模式与动力机制 [J]. 地理研究，2020，39（7）：1511-1533.

[8] 贺灿飞，毛熙彦. 中国环境经济地理的研究主题展望 [J]. 地理科学，2021，41（9）：1497-1504.

[9] 黄磊，吴传清. 长江经济带污染密集型产业集聚时空特征及其绿色经济效应 [J]. 自然资源学报，2022，37（2）：459-476.

[10] 孔令丞，李慧. 环境规制下的区域污染产业转移特征研究 [J]. 当代经济管理，2017，39（5）：57-64.

[11] 李松志. 基于集群理论的佛山禅城陶瓷产业转移时空演替机理研究 [J]. 人文地理，2009，24（1）：58-62.

[12] 李王鸣，朱珊，王纯彬. 民营企业迁移扩张现象调查——以浙江省乐清市为例 [J]. 经济问题，2004（9）：30-32.

[13] 李小建，苗长虹. 西方经济地理学新进展及其启示 [J]. 地理学报，2004（S1）：153-161.

[14] 刘庆林，汪明珠，韩军伟. 市场关联效应与跨国企业选址——基于中国数据的检验 [J]. 财贸经济，2011（11）：127-135.

[15] 刘颖，周沂，贺灿飞. 污染企业迁移意愿的影响因素研究——以浙江省上虞市为例 [J]. 经济地理，2014，34（10）：150-156.

[16] 刘毓芸，徐现祥，肖泽凯. 劳动力跨方言流动的倒 U 型模式 [J]. 经济研究，2015，50（10）：134-146.

［17］陆旸．环境规制影响了污染密集型商品的贸易比较优势吗？［J］．经济研究，2009，44（4）：28-40．

［18］彭文斌，李昊匡．门槛效应、环境规制与污染企业之关系——基于湖南省城市面板数据的非线性门槛检验［J］．湖南科技大学学报（社会科学版），2016，19（1）：98-103．

［19］沈静，王少谷，周楚平．环境公正视角下广州市污染企业分布与区域人口社会特征的时空关系研究［J］．地理研究，2022，41（1）：46-62．

［20］沈坤荣，金刚，方娴．环境规制引起了污染就近转移吗？［J］．经济研究，2017，52（5）：44-59．

［21］沈坤荣，周力．地方政府竞争、垂直型环境规制与污染回流效应［J］．经济研究，2020，55（3）：35-49．

［22］宋德勇，朱文博，王班班，等．企业集团内部是否存在"污染避难所"［J］．中国工业经济，2021（10）：156-174．

［23］苏红岩，李京梅．"一带一路"沿线国家 FDI 空间布局与污染转移的实证研究［J］．软科学，2017，31（3）：25-29．

［24］陶克涛，郭欣宇，孙娜．绿色治理视域下的企业环境信息披露与企业绩效关系研究——基于中国 67 家重污染上市公司的证据［J］．中国软科学，2020（2）：108-119．

［25］田光辉，苗长虹，胡志强，等．环境规制、地方保护与中国污染密集型产业布局［J］．地理学报，2018，73（10）：1954-1969．

［26］王怀成，张连马，蒋晓威．泛长三角产业发展与环境污染的空间关联性研究［J］．中国人口·资源与环境，2014，24（S1）：55-59．

［27］王立彦．环境成本与 GDP 有效性［J］．会计研究，2015（3）：3-11．

［28］王亚平，曹欣欣，程钰，等．山东省污染密集型产业时空演变特征及影响机理［J］．经济地理，2019（1）：130-139．

［29］王伊攀，何圆．环境规制、重污染企业迁移与协同治理效果——基于异地设立子公司的经验证据［J］．经济科学，2021（5）：130-145．

［30］翁鸿妹，陈广平，王琛. 社会资本是否促进污染型企业退出？——来自中国城市的微观数据［J］. 地理研究，2022，41（1）：34-45.

［31］吴伟平. 污染密集型产业存在转移粘性吗？——基于新经济地理与经济政策的解析［J］. 社会科学，2015（12）：55-64.

［32］叶琴，曾刚，戴劭勋，等. 不同环境规制工具对中国节能减排技术创新的影响——基于285个地级市面板数据［J］. 中国人口·资源与环境，2018，28（2）：115-122.

［33］袁丰，魏也华，陈雯，等. 无锡城市制造业企业区位调整与苏南模式重组［J］. 地理科学，2012（4）：401-408.

［34］曾文慧. 流域越界污染规制：对中国跨省水污染的实证研究［J］. 经济学（季刊），2008（2）：447-464.

［35］张彩云，盛斌，苏丹妮. 环境规制、政绩考核与企业选址［J］. 经济管理，2018，40（11）：21-38.

第七章 环境规制与污染企业空间转移

——以倪家巷集团为例

第一节 引言

由于环境资源的外部性和公共性，经济个体以环境为媒介向外转移外部性，环境资源的非排他性和非竞争性使资源配置和价值机制不再起作用。由于具有公共品特征，环境资源被滥用并产生负外部性，导致市场机制失灵，因而政府的环境规制变得至关重要（Liverman，2004）。在中国地方分权的背景下，环境管制会直接影响当地的各项利益，而不同层级地方政府对利益感知不同，基层地方政府更倾向于关注直接经济利益和短期经济利益，为了保障本地企业在分权体制中获得竞争优势或者吸引其他地区的企业，地方政府通过调整本地的环境规制标准，使环境规制标准呈现"逐底竞争"和"差异化竞争"（林秀梅和关帅，2020）。

环境规制会改变污染企业面临的经营风险、投资机会和融资环境等，从而影响污染企业的区位选择，在空间上往往表现出"污染避难所"效应（张彩云和苏丹妮，2020）。随着环境规制的强化和企业发展理念的改变，环境成本逐渐成为企业必须考虑的重要因素。与此同时，伴随经济的发展，公众环境意识不断提高，消费者、环保组织等社会其他利益主体也开始影响经济活动与环境的关系，增加了环境管制的压力，间接促进当地环境质量的改善（涂正革等，2018）。在环境规制不断强化的背景下，各级政府、企业和公众成为影响污染企业空间转移的重要力量（吴秀琴，2022）。因此，有必要从企业的视角探讨环境规制变化背景下各类主体的相互作用关系。

本章旨在通过江苏天嘉宜化工有限公司空间转移的案例分析环境规制与污染企业空间转移的关系，基于"推力—拉力"模型揭示政府、企业和公众在天嘉宜公司企业迁移过程中发挥的作用，以期为政府、企业和公众参与环境治理提供理论依据和实践参考。

第二节　经济增长、环境规制与污染企业区位

环境规制逐渐成为影响污染企业区位选择的重要因素。环境规制对经济活动的影响在空间上体现为"污染避难所"或"污染天堂"效应（Walter and Uge-low，1979），污染密集型企业倾向于从环境规制严格的地区向环境规制宽松的地区迁移，从而使后者成为"污染天堂"。成本假说和波特假说也探讨了环境规制与污染企业区位选择的动态关系，成本假说认为环境规制会增加企业的生产成本，从而引起企业衰退甚至退出市场；波特假说则认为设计良好的环境规制可以促进企业创新，从而提高企业的生产率，进而吸引企业的进入（Porter，1991）。

污染产业具有环境污染和促进经济增长的双重属性，在中国环境分权的背景下，中央政府将部分环境治理事权让渡给地方政府，地方政府有制定本地环境规制的权力，同时拥有污染治理事权和环境监管事权，在环境政策执行的过程中具有一定自由裁量权（李东方，2022）。此外，环境规制政策可能通过影响产业发展进而直接影响地方的经济发展水平，由于不同层级政府面临的经济发展的压力

不同，环境政策的严格程度和力度也有所差异。一般情况下，基层政府更倾向于考虑直接的经济利益而轻视环境政策的制定和实施。污染产业存在导致环境污染和促进区域经济增长的双重属性（Zhou et al.，2017；沈坤荣等，2017），既可能因为对环境的高污染而成为环境规制限制发展的对象，又可能因对税收和就业的巨大贡献而成为地方政府支持和保护的对象。在财税分权体制下，地方政府对财政收入和经济增长的迫切追求造成了环境规制"逐底竞争"的现象（Ma and Ortolano，2000），导致地区间环境规制严格程度上的差异（罗亚娟和陈阿江，2022；王伊攀和何圆，2021；张华，2016）。为了改善环境质量同时保持经济发展，一些地区政府会选择将污染企业转移到区域边界地区，进而产生了"邻避效应"（金刚等，2022）。当污染产生的社会成本大于经济效应时，地方政府可能会提高地区环境标准，迫使高污染企业转移到环境规制相对较低的地区。已有研究表明，财政分权的提升削弱了环境规制对污染产业进入的抑制效应（姜泽林等，2021）。

随着市场经济的发展，环境规制的类型不断丰富。早期的环境规制多为以政府及环保部门为主体实施的命令控制环境规制，通过运用强制性手段对重污染企业进行惩治，这类环境规制见效快但执行成本高，且存在"一刀切"的缺点。市场激励型环境规制避免了政府强制性的治理方式，转而通过环境减税、颁发排污许可证、财政补贴、押金返还等方式激励企业自发降低污染排放。在这类环境规制中，企业成为环境规制的实施者，环境规制的成本降低，但对市场体系完善程度的要求更高且具有一定的滞后性（赵玉民等，2009）。随着居民环保意识增强，以公众为主体的环境规制逐渐发展起来，这种环境规制具有公开性高的特点（徐紫腾，2023），虽然相比于其他两种环境规制而言见效更慢，但可以帮助解决信息不对称的问题（Aravind and Christmann，2011）。韩楠和黄娅萍（2020）发现，命令控制型环境规制可以有效促进重污染企业的绿色发展，市场激励型环境规制具有正面影响，而自愿型环境规制的影响并不显著。

环境规制政策在不同区域之间存在空间差异，而区域环境规制的差异往往会影响企业的区位选择，从而对污染企业的区位行为产生影响（范玉波，2021）。

在企业区位变迁引发产业变迁的过程中，规制者与被规制者、不同规制者以及区域环境的其他利益相关者之间的博弈影响着环境规制政策的制定、污染企业区位的选择以及地方经济的增长。

第三节　地区环境规制差异与倪家巷集团企业的空间转移案例

本节首先介绍倪家巷集团的基本情况及空间转移的背景，梳理倪家巷集团空间转移过程，其次基于"推力—拉力"模型，从政府、企业和公众视角分析以倪家巷集团为代表的化工企业从苏南向苏北的区位迁移过程。

一、倪家巷集团企业的空间转移背景

（一）倪家巷集团简介

倪家巷集团是一家集精毛纺织、涤纶短纤维、可发性聚苯乙烯、精梳棉纱、棉布印染、精细化工等产业的综合性大型企业集团，由 1979 年村办集体企业"江阴县周庄针织染纺厂"逐渐发展而来，始建于"中国百强县之首"的江阴市周庄镇。

倪家巷化工有限公司隶属于倪家巷集团，于 1992 年在江阴市创办，也是天嘉宜化工有限公司（以下简称"天嘉宜公司"）的前身。天嘉宜公司于 2007 年在响水县市场监督管理局登记成立，是倪家巷集团下属的生产间苯二胺、对苯二胺等系列产品的精细化工企业。

（二）倪家巷集团企业迁移背景

倪家巷集团的初创地在无锡市江阴市周庄镇，地处经济繁荣的苏、锡、常之腹，经济、社会事业发展列江阴各乡镇之首，工业经济发达。周庄镇所在的苏南地区得益于上海经济的辐射、上海"星期天工程师"的技术帮扶以及1984~1993年的政策倾斜，化工产业自20世纪80年代起快速崛起（罗亚娟和陈阿江，2022），经济发展在江苏省遥遥领先。后来由于苏南地区环境污染问题日益严重以及"太湖蓝藻"事件引发了公众对于重污染企业的严重不满，苏南地方政府不断提升环境规制标准，迫使不符合环保要求的重污染企业迁出，与此同时，苏北地区竞相降低环境规制并发布各类优惠政策，吸引苏南地区的重污染企业迁入，而倪家巷集团就是其中由苏南江阴市迁入苏北响水县的一家化工企业。本章以倪家巷集团为例，重点探讨政府、企业和公众如何相互作用、共同影响以倪家巷集团为主的污染企业从苏南向苏北的区位迁移。

1. 化工产业的发展带来了严重的环境污染问题

20世纪90年代末到21世纪初，苏南地区的化工污染问题已十分严峻，因污染问题引发的社会冲突和问题层出不穷。21世纪初，苏南地区政府开始重视环境问题并对区域内的化工企业进行了整治，自主规范化工产业，出台的化工产业政策也日趋严格。

2002~2004年，天嘉宜公司所在的江阴市一共关停和取缔了25个污染重、难治理的企业，并对267家企业提出限期治理的要求。2004年，天嘉宜公司所在的无锡市出台了江苏省内首本规范产业发展的指导书——《无锡市制造业发展导向目录》，明确了地方产业取舍的基本原则，并将具有高污染风险的化工项目列入禁止发展目录。

2006年，江苏省公布了《全省化工生产企业专项整治方案》，计划开展化工生产企业专项整治工作进一步推动了江苏省环境管制的治理。同年，无锡市政府出台了更为明晰、严格的化工产业发展标准，并将所有化工项目列入限制发展和禁止发展的类别目录，并增设了化工企业的投资门槛，严禁新建一次性固定资产投资额在 3000 万元以下的任何化工企业，其产业政策远高于同时段的国家化工产业发展规范标准。2006 年底，无锡市政府依据出台的产业政策对本市化工行业进行整顿治理，通过对 2955 家化工企业逐一排查，查处了 1942 家污染严重技术、技术落后的企业，并将这些企业列入关闭名单，查处率高达 65.7%。

2. 太湖蓝藻事件引发了公众对环境保护和治理的迫切需求

2007 年无锡太湖蓝藻危机的爆发促使化工企业整治工作加速推进，苏锡常地区大量污染企业关停、搬迁，当时倪家巷集团的环境行为信息公开化评定结果为红色①。在环境管制力度逐年增强的情况下，倪家巷集团开始考虑企业搬迁并开始寻求新区位。太湖蓝藻事件引发了公众对环境保护的迫切要求，进一步加速了重污染企业的治理行动，并为响水县政府招揽来自苏南地区的重污染企业创造了机会。

3. 地区间经济发展差距带来环境规制强度的差异

在无锡大力整治化工产业污染的同时，江苏省北部的盐城市响水县及其周边地区竞相鼓励发展化工产业。2002~2003 年，响水县等盐城市下辖区县相继建立了 7 家大型的化工产业园区，并将苏南等地的化工企业作为其招商的目标。

《响水县国民经济和社会发展"十一五"规划及 2020 年远景目标规划纲要》中明确提出，要用优惠政策激励化工产业的集聚和扩张，降低投资门槛和投资成本以期吸引化工产业进入，并争取在"十一五"规划后期实现化工产业新增固定资产投入 40 亿元以上、化工产品的主营收入 100 亿元、利税 10 亿元、经济总量占全县 25% 以上的目标，使化工产业成为全县最大的工业产业。

---

① 注：按照江阴市的环保评价标准，被评为红色的企业将被断贷、强令整改。

2006 年 12 月 5 日，响水县六套乡政府与陈家港化工集中区管委会、倪家巷集团签订了三方合作协议书，开办天嘉宜公司，并由六套乡政府代办立项、审批、营业执照等手续。2010~2017 年，响水县规划和城市管理局存在对"未批先建"违法行为监督检查不力，生态化工园区建设管理混乱，违法违规建设失控，对天嘉宜公司 6 批项目未取得建设工程规划许可擅自施工问题未予查处等问题（国务院事故调查组，2019）。

4. 污染企业迁移给迁入地区带来环境和安全隐患

污染企业在低环境规制约束下降低环境保护和安全生产标准导致环境事件发生。天嘉宜公司自 2011 年投产以来，为节省处置费用，对固体废物基本都以偷埋、焚烧、隐瞒堆积等违法方式自行处理，仅于 2018 年底请固体废物处置公司处置了两批约 480 吨硝化废料和污泥，且假冒"萃取物"在环保部门登记备案①。天嘉宜公司与其控股母公司存在多项不法行为，无视国家环境保护和安全生产法律法规，长期违法违规储存、处置硝化废料，企业管理混乱，最终导致"3·21"特大爆炸事故的发生。在此之前，其所在的苏北地区化工产业园区已经发生过多起环保安全事故，响水事故成为这一地区近年来最大的环保安全事故。以化工为主的产业结构、环境规制力度偏弱，缺乏专业环境监管人才，企业管理混乱是导致这一事故发生的主要原因。2019 年 4 月，盐城决定彻底关闭响水生态化工园区。

二、污染企业的空间转移的"推力—拉力"模型分析

通过对天嘉宜公司的转移地和目的地的对比可以发现，推拉因素的共同作用促进了企业的迁移。在环境规制的背景下，企业转移不仅取决于企业基于成本收益分析比较做出的决策，同时受到两方政府政策的宏观影响和地方公众的舆论影

---

① 资料来源：国务院事故调查组。

响。因而，本章基于企业、政府、公众三个主体的博弈对污染企业区位迁移的作用力进行系统分析。

（一）政府、企业、公众三方博弈分析

1. 政府层面：多级政府的差异化影响

为了应对日益突出的环境问题，我国逐渐建立了从中央到地方完善的环境管理体制，中央政府负责政策的制定和实施监督，各级地方政府则承担地方环境政策的制定和中央环境政策的贯彻实施。

（1）中央政府：提出日益严格的环境治理要求。中央政府在环境治理中扮演着全局控制的角色，为了实现社会利益的最大化、环境社会效益的最大化以及环境的可持续发展，中央政府制定了越来越严格的环境政策，迫使各级地方政府加强本地的环境管制力度。2003 年实施的《清洁生产促进法》明确提出"对浪费资源和严重污染环境的落后生产技术、工艺、设备和产品实行限期淘汰制度"，2006 年的《中华人民共和国国民经济和社会发展第十一个五年规划纲要》中首次提出污染控制指标的量化考核管理体系，并将这些指标层层分解到基层。

2015 年，中华人民共和国工业和信息化部推出《关于促进化工园区规范发展的指导意见》（以下简称《意见》），成为中央政府对化工园区规范发展的第一份纲领文件。《意见》提出"加强安全管理和环境监测，推动园区绿色发展"的原则。2015 年 4 月，国务院发布《水污染防治行动计划》，提出"集中治理工业集聚区水污染，全面控制污染物排放"的要求。2016 年，围绕长江经济带的六项生态环境专项行动展开，化工污染整治是其中之一。国家发展改革委与环保部共同印发的《关于加强长江黄金水道环境污染防控治理的指导意见》规定，"除在建项目外，严禁在干流及主要支流岸线 1 千米范围内新建布局重化工园区，严控在中上游沿岸地区新建石油化工和煤化工项目"。苏北地区的化工企业所面临的规制日益严格。

同时，中央对江苏北部地区的环境污染逐渐加强督察与整治。以灌南县内的连云港化工产业园为例，2016 年 8 月，中央环保督察组发现该园区存在企业环境违法行为突出、园区周边地表水污染严重等问题，并于 2016 年 11 月向江苏省提出整改要求。2017 年 4 月，环保部联合省环保厅对连云港化工产业园进行现场核查，发现园区内企业存在防治污染设施不正常运行、雨污不分、在线监控设施运维不到位等问题。环保部责令江苏省环保厅督促连云港市人民政府组织做好整改措施。2019 年，响水"3·21"特大爆炸事故发生后，生态环境部统筹协调国家、省、市、县四级生态环境部门进行应急处置，并对事故周边环境质量进行持续监测。

（2）江苏省级政府：落实中央政策，调控区域发展。江苏省一方面需要落实中央政府的环保要求，另一方面需要发展本省的经济，还需要协调不同区域的发展。江苏是化工产业强省，20 世纪 80 年代中后期，欧美精细化工企业集中向亚洲欠发达地区转移，中国是主要承接地。20 世纪 90 年代初，苏南地区的精细化工因此得到迅速发展。但是江苏省也存在省区发展不平衡问题。为了推动省区平衡发展，缓解苏南地区的环境压力，2010 年前，江苏省政府着力规划促进产业从苏南向苏北地区转移。2006 年 5 月，江苏省政府发布了《关于支持南北挂钩共建苏北开发区政策措施的通知》，提出苏南和苏北工业园区对接、产业梯度转移，通过苏南"腾笼换鸟"、苏北"筑巢引凤"达成南北"双赢"。《江苏沿海地区发展规划（2021—2025 年）》中也提出要推动沿江、环太湖化工生产企业搬迁进入沿海化工园区。这种转移也得到中央政府的认可，2009 年 9 月国务院审议通过的《江苏沿海地区发展规划》，将化工行业作为江苏沿海地区重点发展的支柱产业之一。

省区内产业的空间转移与苏南地区的环境规制压力有关。随着江苏进入工业化加速推进期，苏南地区政府为了缓解环境压力、实现产业升级，各地政府对污染严重的化工企业进行严格整治，竞相提高环境规制强度，形成了地方政府环境规制"逐顶竞争"的现象。此时，苏北地区政府为了经济增长而竞相降低环境规制强度，形成地方政府环境规制"逐底竞争"的局面，以达成吸引苏南地区污染密集型企业的目的（罗亚娟和陈阿江，2022）。

2010 年后，随着苏北地区成为新的污染产业集聚区，江苏省也开始对这一区域采取更严格的环境治理措施。特别是在苏北一些工业园区的环境污染引起中央的关注之后。"十二五"期间，江苏省大力推进化工生产企业专项整治，关闭了 2000 余家生产规模较小、安全与环保风险较高的化工企业。

2016 年末，江苏开展"两减六治三提升"专项行动，在 2017 年和 2018年分别关停了 1421 家和 987 家化工企业。2018 年，随着苏北环保问题在央视曝光，苏北化工园区迎来了"史上最严的环保风暴"。江苏省政府办公厅印发了《全省沿海化工园区（集中区）整治工作方案的通知》，要求对沿海地区南通、连云港、盐城三市辖区内所有化工园区及园区内所有化工生产企业进行整治。

2019 年 4 月，江苏省委办公厅正式下发《江苏省化工产业安全环保整治提升方案》，提出"依法依规推进整治提升""压减沿江地区化工生产企业数量""压减环境敏感区域化工生产企业数量"等举措。2020 年 4 月 8 日，江苏省委常委会指出，要从落实新发展理念的高度认识整治提升江苏化工产业的重要性；要实事求是、分类施策，通过实施差异化、精准化的治理措施，加速淘汰安全系数低、污染严重的化工园区和企业，加快提升江苏省化工产业发展层次。2016 年以来，江苏省累计关闭化工企业 4400 多家，总数从近 7000 家下降至 2000 多家，压减率约 65%；化工园区从 54 家压减至 29 家，压减率为 46%。[①] 2017 年江苏省石化产业规模以上企业主营业务收入从 2017 年的超过 2 万亿元下降至 2019 年的 1.19 万亿元。在经历了多轮整治提升后，江苏省的新一轮化工产业转移已渐成趋势，目的地多指向中西部欠发达地区。江苏省政府不仅强调化工产业的基础性作用和支柱性作用，同时在化工产业安全环保治理提升方面提出了更高的要求，从而促进了化工产业在更大尺度上的空间

① 钱江勇，张勇．"苏大强"退出前三之争！江苏化工行业"十四五"如何布局？［N］．中国化工报，2021-09-09．

重构。

可见，江苏省的环境规制手段随着区域和经济的发展不断进行调整，当苏南地区面临较大的环境压力时，江苏省有意识地推动企业向苏北地区转移，通过这种方式既能保证省区经济发展，又促进了区域协调发展，同时降低了苏南地区的环境压力。2010 年后，在苏北地区逐渐面临同样的环境压力时，江苏省也逐渐强化对苏北地区的污染产业治理，这既符合中央政府对环境保护和绿色发展的要求，也在一定程度上对苏北地区地方政府施加较大的环境保护压力，同时缓解了该地区公众与污染企业之间的矛盾。

（3）地方政府：平衡经济发展与环境保护。地方政府面临地方经济发展与环境保护的双重任务。当经济发展与环境保护面临冲突时，地方政府面临环境治理高成本和经济发展高效益的权衡。一些面临经济发展压力的地区往往倾向于选择发展经济而忽略环境保护，重视经济发展的短期利益而忽视环境保护的长期可持续效益。化工产业有投资少、见效快、利润高、污染大的特点，成为当时被苏北地区选择的产业之一。苏南地区首先意识到环境问题，逐渐对区域内化工企业进行整治。2002~2004 年，江阴市共关停和取缔了 25 个污染严重、难以治理的企业，对 267 家污染企业要求限期治理。2005 年，江阴市在不到一年的时间内，又因环保问题关停了 30 家企业。在苏南地区的环保及安全标准相对严格的条件下，上述污染较重的企业在苏南的生存空间越来越小，而相对落后的苏北地区渴求经济发展。苏南地区关停的产业逐渐转移到环境规制水平相对较低、环境容量更高的地区。同时，化工产业的高利润也使其在产业转移中备受承接地地方政府的青睐。对于苏北经济落后地区，经济发展被排在优先考虑的位置，而当时能够引进的投资和利税高的产业有限。石化产业是伴随着环境规制的变化而转移的，成为苏北地区招商引资的重点产业。

以盐城市响水县为例，2000 年响水县的财政收入不佳，因此响水县从 2002 年开始到全国各地进行招商引资，对不同类型的投资企业在用地、税费、服务等方面给予优惠，当时招商引资的原则是"只要项目选择了响水，什么事都可以谈，什么条件都可以答复"（鲍安琪，2019）。天嘉宜公司也正是在这时被引进到响水县。但响水县渴求经济发展，导致对环境的监管也相对宽松。同样，连云港市的灌南县在成立工业园区之初，由于基础落后，很难吸引高附加值低污染的产业入驻，只有高污染的化工企业愿意投资入驻。化工产业成为当时少数愿意去苏北地区投资的产业之一，化工产业的转入为这些县的经济发展带来转机，据统计，2011年响水生态化工园区的纳税额占全县财政收入的1/6左右（杨睿等，2019）。

2. 企业层面：追逐高收益、低成本的地区

企业的天性是追求利润最大化，企业利益诉求往往是以经济收入为导向，对于污染型企业来说，由于环境规制而引起的污染处理成本和环境成本的提升成为了影响企业迁移的重要力量。面对更严格环境规制时，企业通常对污染排放成本和生产利润进行预估，然后以利益最大化为目标，进行相对应的区位选择。苏南和苏北地区在经济总量、企业经营成本和对污染企业的承载力等产业发展环境上有较大差别。以无锡和盐城为例（见表7-1），与无锡相比，盐城的土地和劳动力成本、土地开发强度等指标均相对较低，盐城地势平坦且位于沿海地区，有利于企业降低经营成本。同时，响水县具有较大的"环境容量"和便捷的排污通道，有利于控制防污成本。天嘉宜公司所在的响水县生态化工园区，其北侧是灌河、东侧是黄海，地理位置便于排污。灌河是苏北地区多条河流的入海通道，也是苏北地区最大的入海潮汐河流。因此，对于灌南县和响水县的产业园区企业来说，更容易进行污水排放，从而降低成本，同时，地方政府提供的税收优惠政策和低环境准入标准更是为其迁入创造了便利条件。对于企业来说，把高污染的化工厂从苏南转移到苏北地区，除降低了环保上的压力，也降低了企业的生产成本。

表 7-1 2006 年无锡市和盐城市的部分指标对比

变量类别	具体指标	单位	来源地（无锡市）	目的地（盐城市）	差值
产业发展环境	规模以上工业总产值	亿元	7115.29	1378.14	-5737.15
	土地出让平均单价	万元/公顷	648.01	252.00	-396.01
	劳动力成本	万元/年	2.96	1.56	-1.40
	货物出口额	亿美元	214.39	10.61	-203.78
	重污染企业数量	个	10490	6505	-3985.00
	城市开发强度	%	3.86	0.41	-3.45
	发明专利授权数	个	548	48	-500
地理区位	省际边界城市	\	1	1	0
	沿海城市	\	0	1	1
	平均坡度	\	0.45	0.04	-0.41
	方言区	\	吴语	江淮官话	\

数据来源：《江苏统计年鉴 2006》。

大量的企业迁移也在一定程度上加强了苏南和苏北污染企业的联系。2018年 2 月，国家安监总局通报的苏北五市具有安全隐患问题的 18 家化工企业中，企业的大股东所在地在苏北的仅有 4 家，其余大部分股东所在地来自苏南，间接表明苏北的化工企业的来源地是苏南地区。

随着苏北地区环境保护压力的提升，苏北地区的环境容量也逐渐下降。2018年响水生态园爆炸事件发生后，盐城要求响水生态园永久关闭。位于连云港和盐城的大量的化工企业因环保和安全压力停产，一些企业开始转移到其他地区。

3. 公众层面：公众参与环境保护的驱动力和阻碍

企业的寻租行为可能导致实际排污量超过环境容量，降低环境质量，进而影响公众的利益（王珂等，2010）。在这种情况下，公众有权通过监督制约寻租行为，维护生存环境的安全，遏制环境恶化。公众是环境的最大利益相关者，拥有保护环境的最大动机，逐渐成为污染减排的重要力量（陈美岐，2021）。由于教育水平、地区人均收入、经济规模、环境污染程度等人口、经济社会特征影响地方公众环境保护意识水平和自身环境权益的维护能力，不同区域公众对环境行为的响应和参与环保的能力存在差别（曹海林和赖慧苏，2021）。2007 年，无锡发生的太湖蓝藻事件导致太湖严重水污染，引发了公共饮用水危机，直接影响了民众的日常生活。在此事件发生前二十年，环太湖地区经济快速发展，居民尚未充分关注与经济发展相伴的环境持续恶化和生态问题。在太湖蓝藻事件爆发之后，一些环保团体开始呼吁政府采取措施，并鼓励人民参与环保监督，地方环境保护组织越来越多且影响越来越大，促使苏南地方政府制定严格的环境规制标准，驱逐高污染企业，保护公众的权益（张卓林，2012）。

由于苏北地区经济发展远远落后于苏南地区，一方面，环境保护对于经济相对落后的响水县民众来说并不是最重要的社会需求（王慧，2021）。污染型企业的迁入给他们带来了更多的就业机会和更稳定的经济收入。另一方面，在化工厂迁入初期，公众对污染的批评话语权较小，反对声音往往被经济发展的紧迫性所覆盖。响水生态园附近村民表示"谁都知道化工厂容易出事故而且污染大，没有人愿意把它们建在身边"，但均表示对于日益严重的污染存在"污染问题投诉难、解决难"的问题。随着当地环境污染持续加重，居民对环境污染的投诉越来越多，特别是对于工厂非法排放的现象，当地居民表示"发现一个，举报一个"。引起更大范围公众关注的是在 2018 年 4 月，《经济半小时》栏目以《非法排污几时休》为题，报道灌河口三个化工园区（燕尾港、堆沟港和陈家港）的环境污染问题。央视的报道引起公众的巨大反响，并受到各级政府的重视，政府开始着力解决这一地区的污染问题。响水爆炸案发生以后，这一地区的污染问题得到更广泛的关注，从而推动全国各地特别是江苏发起了更大力度的化工产业整治提升行动。因此，公众对环境的关注与更高级别的政府对环境的关注存在一致性，当环境污染达到一定水平时，大型环境事件或权威媒体平台的曝光将引起更大范围公众的关注，从而间接推动政府自上而下地解决环境问题。

4. 不同主体之间的博弈和制约机制分析

在多方博弈过程中，中央政府代表整体和全局的利益，地方政府代表地方的利益并有着自己的利益诉求，双方利益的差别不可避免地造成了两者在公共政策上的利益博弈。中央政府要求地方政府在发展经济的同时保护环境，而地方政府多倾向于重视经济发展而忽略环境的保护。由于上级政府掌握更高的行政和财政手段，在博弈中占据主导地位。中央政府掌握公共政策制定的主导权力，地方政府则是在此之下发挥能动性。随着经济发展的权力下放，地方政府发展经济的自主权力增大，也在一定程度上增强了其与中央政府博弈的能力。当中央政府制定的政策符合地方利益时，地方政府就会积极地参与和执行；反之，地方政府可能从自身利益出发被动地参与甚至抵制实施，导致政策无法充分贯彻落实（张卓林，2012）。一般来说基层政府更容易放松对环境规制的管控，对污染企业提供庇护，而上级政府更倾向于践行国家的环境政策。以响水县为代表的苏北地区的区县对以天嘉宜公司为代表的重污染企业的污染行为和环境不达标的现象倾向于采取纵容的态度。针对响水县等苏北县区存在的化工产业政策以及准入机制不完善的问题，江苏省发布《关于加强苏北地区建设项目环境准入管理的通知》进行政策制约，但由于响水县政府认为只有降低对化工等污染型企业的环境准入标准才可能吸引这些企业迁入，从而促进地区经济的发展。响水县政府在面对不符合当地经济发展需求的省政府政策规定时，仍然倾向于将发展地方经济作为第一优先选择。

公众在受到环境污染的影响，呼吁保护环境时，中央政府作为公众的自然代言人，会基于保护公众利益出台严格的环境规制并开展污染治理工作。同时，政府提升环境治理能力离不开社会公众的支持，环境规制的贯彻落实离不开公众的监督。而公众的监督应基于健全的环境信息公开机制和完备的环境监管体制。中央和江苏省致力于环境信息公开化、透明化的同时，响水县地方政府却竭力阻碍环境信息向社会公众的传播，对社会参与环境监管持排斥、提防态度，导致地方公众在环保意识上存在"马太效应"。苏南地区公众对于环境保护愈加重视、对污染企业愈加抵制，而响水县公众在未有充分的信息和知情权的情况下，更容易忽视环境保护的重要性，且在面临经济发展和环境保护冲突时处于更加弱势的地位。

（二）倪家巷集团企业的空间转移的推拉理论模型

综合上述分析，本章将倪家巷集团的空间转移、将天嘉宜公司成立在盐城市响水县的作用力系统可以用基于"政府—企业—公众"三者相互关系的"推力—拉力"理论模型进行分析。倪家巷集团企业的空间迁移既受到企业所在地江阴县政府的拉力和公众的推力因素，同时受到迁移目的地响水县政府和公众的拉力因素和企业自身状况的综合作用力影响（见图7-1）。

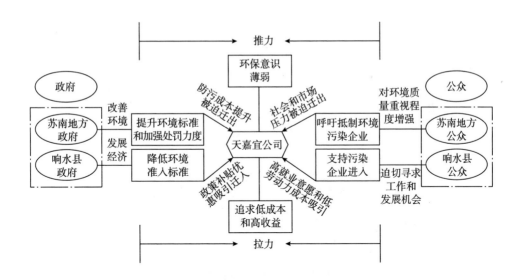

图7-1　倪家巷集团企业空间转移"推力—拉力"理论模型

中央政府的政策制定是以提升社会公共福利为目标。为整治地方环保问题、提升环境质量，中央政府制定污染控制指标的量化考核管理体系，指引地方政府领导本行政区域内的清洁生产工作并完成环保任务。江苏省政府贯彻中央政府的要求，助力中央政府政策的实施和治理地方环境问题。具体到地方，由于苏南地区经济发展水平远超苏北地区，两地在经济发展和环境状况上的差别致使地方政府在环境规制上采取不同的政策。苏南地区经济基础更好，公众环境保护意识更强，政府倾向于采用更严格的环境准入标准，推动苏南地区重污染企业向外迁移。而苏北地区经济相对落后，经济发展的压力更大，政府迫切期望企业迁入并为地方经济发展注入活力，采取更低环境准入标准和更高的税收优惠，从而"拉动"被苏南地区"推出"的重污染企业迁入（见图7-2）。

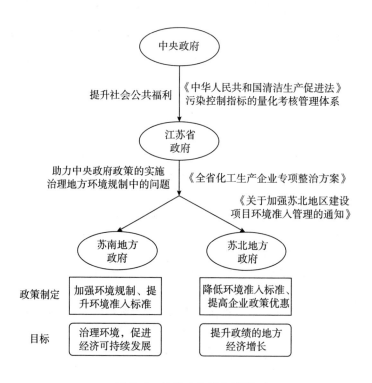

图7-2　各级政府博弈模型

不同地方公众的环保意识和对重污染企业的态度，对倪家巷集团企业的空间转移产生了推拉作用。相较而言，苏南地区人民具有较高的经济收入和教育水平，对生活质量的追求更高，环保意识也更强，严厉抵制污染密集型企业在本地发展，推动了此类企业在苏南地区的退出。而苏北地区经济相对落后，需要引入能够带动就业和经济发展的企业，苏北地区的公众对环境问题的话语权较弱，间接推动了苏南地区的污染企业进入。

企业的环保意识和发展的理念也是推拉作用中的重要一环。环境规制的严格程度会影响企业的经营成本和盈利水平，从而影响企业的区位选择。不同地区环境规制和公众态度等产生的"推力"和"拉力"，将对企业迁移发挥作用。严格的环境规制和高环境准入标准增加了污染企业的环境成本，促使其向环境规制相对宽松的地区迁移。

第四节　结论与讨论

关于环境规制和污染企业迁移的讨论，现有研究主要基于"污染避难所""成本假说""波特假说"。这些理论对倪家巷集团企业迁移均有一定的解释力。本章基于"推力—拉力"模型理论对倪家巷集团企业迁移的路径进行了分析，其中主要涉及了政府、企业、公众三大主体。分析发现身处江阴市的倪家巷集团将天嘉宜公司建立在响水县，既受到企业所在地江阴市政府的拉力和公众的推力因素，又受到了迁移目的地响水县政府和公众的拉力因素以及企业自身状况的综合作用力影响。同时，应该注意到，三个主体的博弈涉及污染企业在多空间尺度的污染转移，省份内的环境规制差异推动企业在省份内的转移，当省份的整体环境规制提升以后，污染企业可能在更大的尺度上转移。

地方政府的发展规划应该兼顾和平衡短期利益和中长期利益，抑制企业的短视行为，避免从"大开发""大污染"到"大整治""大关停"的非理性冲动现象。从社会整体的角度来看，由于社会经济发展需求的客观存在，将具有污染风险的企业全部关停并不现实，类似于倪家巷集团这样的具有高污染风险的化工企业不可能完全停止生产，如何引导企业在合理生产的基础上，加强对环境保护和污染治理的投入，提升环保技术水平，减少污染物排放，确保在实现经济效益的同时，不损害生态环境，实现可持续发展，是地方政府需要积极探索和努力解决的关键问题。

对于公众，应推进环境信息系统的公开化和透明化，建立完善的监督管理机制，让公众充分参与环境监管和环境治理的行动。关于地方引进企业是否有污染风险、风险等级以及对地方发展可能带来何种发展机遇等信息，应让公众知晓并给予他们参与讨论的机会，这对于平衡经济发展和环境保护，以及平衡政府、企业与公众之间的利益关系具有重要意义。

企业环保意识和社会责任的培养绝非一日之功，环境污染的问题仍需要通过提升企业创新能力和责任感来持续改善。政府可以通过制定适宜的环境规制措施激励企业进行绿色创新，而应杜绝"一刀切"关停企业的方式。重污染企业也应提高社会责任信息的披露质量，推动与利益相关者的交流合作，对利益相关者的诉求做到及时知晓、积极回应，主动承担社会责任，为可持续发展注入动力。

参考文献

［1］Aravind D, Christmann P. Decoupling of standard implementation from certification: Does quality of iso 14001 implementation affect facilities' environmental performance? ［J］. *Business Ethics Quarterly*, 2011, 21（1）: 73-102.

［2］Liverman D. Who governs, at what scale and at what price? Geography, environmental governance, and the commodification of nature ［J］. *Annals of the Association of American Geographers*, 2004, 94（4）: 734-738.

［3］Ma X, Ortolano L. Environmental Regulation in China: Institutions, Enforcement and Compliance ［M］. Lanham: Rowman and Littlefield, 2000.

［4］Porter M E. America's green strategy ［J］. *Scientific American*, 1991, 264（4）: 168.

［5］Walter I, Ugelow J L. Environmental policies in developing countries ［J］. *Ambioa Journal of the Human Environment*, 1979（23）: 102-109.

［6］Zhou Y, Zhu S, He C. How do environmental regulations affect industrial dynamics evidence from China's pollution-intensive industries ［J］. *Habitat International*，2017（60）：10-18.

［7］鲍安琪. 响水困境：只要企业来，县里就很高兴［EB/OL］.［2019-03-28］. http：//www. inewsweek. cn/society/2019-03-28/5346. shtml.

［8］曹海林，赖慧苏. 公众环境参与：类型、研究议题及展望［J］. 中国人口・资源与环境，2021，31（7）：116-126.

［9］陈美岐. 价值转向视角下公众参与生态环境治理的实践路径［J］. 四川师范大学学报（社会科学版），2021，48（3）：78-86.

［10］范玉波. 环境规制的产业空间选择效应与区域战略调整［J］. 东岳论丛，2021，42（10）：162-170.

［11］韩楠，黄娅萍. 环境规制，公司治理结构与重污染企业绿色发展——基于京津冀重污染企业面板数据的实证分析［J］. 生态经济，2020（11）：137-142.

［12］姜泽林，叶燚，陈灿平. 环境规制、财政分权与区际污染密集型产业转移［J］. 四川师范大学学报（社会科学版），2021，48（1）：33-41.

［13］金刚，沈坤荣，李剑. "以地谋发展"模式的跨界污染后果［J］. 中国工业经济，2022（3）：95-113.

［14］李东方. 环境分权、中央监管对空气污染治理的影响研究［D］. 武汉：华中科技大学博士论文，2022.

［15］林秀梅，关帅. 环境规制推动了产业结构转型升级吗？——基于地方政府环境规制执行的策略互动视角［J］. 南方经济，2020（11）：99-115.

［16］罗亚娟，陈阿江. 空间失范：污染企业迁移的社会逻辑［J］. 学习与探索，2022（6）：26-33.

［17］沈坤荣，金刚，方娴. 环境规制引起了污染就近转移吗？［J］. 经济研究，2017，52（5）：44-59.

［18］涂正革，邓辉，甘天琦. 公众参与中国环境治理的逻辑：理论、实践和模式［J］. 华中师范大学学报（人文社会科学版），2018，57（3）：49-61.

［19］王慧．环保事权央地分权的法治优化［J］．中国政法大学学报，2021（5）：24-41.

［20］王珂，毕军，张炳．排污权有偿使用政策的寻租博弈分析［J］．中国人口·资源与环境，2010，20（9）：95-99.

［21］王伊攀，何圆．环境规制、重污染企业迁移与协同治理效果——基于异地设立子公司的经验证据［J］．经济科学，2021（5）：130-145.

［22］吴秀琴．政府规制、公众关注与企业环境责任［D］．成都：西南财经大学博士论文，2022.

［23］徐紫腾．环境规制下太湖流域化工产业转型转移过程与驱动机制研究［D］．郑州：河南大学硕士论文，2023.

［24］杨睿，曾凌轲，齐小美．苏北化工去留［J］．财新周刊，2019（19）：54-56.

［25］张彩云，苏丹妮．环境规制、要素禀赋与企业选址——兼论"污染避难所效应"和"要素禀赋假说"［J］．产业经济研究，2020（3）：43-56.

［26］张华．地区间环境规制的策略互动研究——对环境规制非完全执行普遍性的解释［J］．中国工业经济，2016（7）：74-90.

［27］张卓林．基于利益相关者理论的合作治理机制探析——以太湖水污染防治政策为例［D］．青岛：青岛大学硕士论文，2012.

［28］赵玉民，朱方明，贺立龙．环境规制的界定、分类与演进研究［J］．中国人口·资源与环境，2009，19（6）：85-90.